碎屑岩油气藏精细地质建模技术研究与应用

董　伟　著

科　学　出　版　社

北　京

内 容 简 介

本书以碎屑岩油气藏为目标，详细介绍相控地质建模的确定性建模方法。该方法首先利用沉积相和流体相（油气水分布）的控制作用，预测井间储层参数的地质趋势信息；然后结合实际钻井数据，在相的约束和指导下，进行储层参数空间分布结构分析，预测井间储层参数的分布，从而建立油气储层的地质模型。该方法适应钻井少的复杂断块油气藏，对于多结构空间分布、多河流方向、复杂油气水分布、多精度数据源等问题具有适应性，在相控下变差函数曲线容易套合拟合，并且能够解析储层参数空间分析结构，是一种相控确定性的建模方法。

书中内容为作者 30 年来的油气藏描述学术研究和实践，列举了数个相控建模实例，可供油气藏描述与评价领域的研究者参考使用，也可供相关专业的研究生教学使用。

图书在版编目(CIP)数据

碎屑岩油气藏相控地质建模技术研究与应用 / 董伟著. —北京：科学出版社，2016.9

ISBN 978-7-03-050075-5

Ⅰ.①碎⋯ Ⅱ.①董⋯ Ⅲ.①碎屑岩–油气藏–地质模型–研究 Ⅳ.①P618.130.2

中国版本图书馆 CIP 数据核字（2016）第 233811 号

责任编辑：杨 岭 郑述方 / 责任校对：韩雨舟
封面设计：墨创文化 / 责任印制：余少力

科学出版社 出版

北京东黄城根北街16号
邮政编码：100717
http://www.sciencep.com

成都锦瑞印刷有限责任公司 印刷

科学出版社发行 各地新华书店经销

*

2016 年 9 月第 一 版 开本：787×1092 1/16
2016 年 9 月第一次印刷 印张：12
字数：290 千字

定价：120.00 元

（如有印装质量问题，我社负责调换）

作者简介

　　董伟，男，汉族，1962 年 8 月生，1983 年 7 月毕业于西南石油学院采油工程专业，进入原成都地质学院石油系任教，2008 年取得博士学位，现成都理工大学能源学院教授，曾任石油工程系主任。从事石油工程专业的教研、教学和管理工作，从事油藏工程和开发地质方向的学术、科研和人才培养。先后主持完成 30 余项科研，发表学术论文 20余篇，出版教材和专著 4 部，获得国家科技进步三等奖 1 项、省部级科技进步二等奖 3项、四川省教学成果三等奖 1 项、省部级科技进步三等奖 4 项。

前　言

现代油气藏管理的两大支柱是油气藏描述和油气藏模拟，油气藏描述的最终结果是油气藏地质模型，即油气藏及其属性的三维分布模型。因此，油气藏地质建模技术是油气藏精细描述的核心技术。油气藏地质建模技术的关键问题是井间储层参数预测方法，涉及井间储层参数预测的数学问题和已知信息的数量与质量问题。

2000年以来，作者长期在国内各大油田进行油气藏描述和储层建模研究，逐步建立和完善了一套以井间储层参数相控模拟和预测为主的碎屑岩油气藏相控地质建模技术和方法。诚以本书阐述这一建模技术方法的研究思路、基本原理、计算步骤和软件技术，并介绍了6个建模实例供参考。

考虑碎屑岩油气藏的形成主要受控于沉积、成岩、构造等诸多因素，特别是致密低渗和复杂断块的油气藏，沉积微相和油气水分布对油气藏起着至关重要的作用。而油气水分布具有沉积和构造的成因，可以视为"流体相"分布。因此，利用沉积相和流体相的控制作用，研究井间储层参数地质趋势信息的获取方法，以及井间储层参数预测的相控约束方法，从而进行碎屑岩油气藏相控地质建模，称为"相控建模"。

本书所提出的相控建模技术方法，包含了作者在储层建模方面的创新技术和研究成果。首先是相控建模结合克里金技术，使相控建模获得唯一的预测结果，是一种确定性相控建模技术，到目前为止在国内外文献中尚未见到与此类似的方法；其次是运用流体相与沉积微相复合控制来预测有效厚度分布模型，用流体相控制来预测含水饱和度分布模型，其原理和方法到目前为止在国内外也属首创。并且书中首次提出"流体相"概念，在国内外首次把油气水分布与岩性和构造的关系提升到成因相的层次，并应用于相控建模。

书中还介绍在实验变差函数的计算，在单一方向的变差函数的拟合，在多方向变差函数的套合拟合，均采取相控技术，实现全过程的相控变差函数拟合的创新技术；以及三角蛇行搜索法，实现虚拟井自动提取和优化的关键技术；还有估值前相控选点、估值中相控修正邻域各向异性方向、估值后相控检验和校正等，实现相控克里金估值的关键技术。

由于相控建模技术采用沉积微相和流体相进行复合相控建模，使之特别适合于复杂断块油气藏和致密低渗油气藏，对我国中部凹陷断块性油气藏和我国中西部致密低渗油气藏的深入研究和开发具有广阔的应用前景。本书可供油气藏描述与评价领域的研究者参考使用，也可供相关专业的研究生教学使用。

本书著写时得到了时志强、段新国、何勇明、张浩、陈克勇、王勇飞等的帮助，并且得到了胜利、华北、中原、青海、长庆和四川等油气田相关单位的支持，在此表示深深的谢意。

本书内容为作者30年来的油气藏描述学术和科研成果，列举的油气储层建模实例，希望对读者在油气藏描述与评价领域的研究有所参考，也希望能对相关专业的研究生教学有所帮助，并以此书祝贺成都理工大学建校 60 周年。

　　书中若有不当或错误之处，望读者不吝指正。

2016 年 3 月于成都

目　　录

第1章 概　　论

1.1　储层地质建模技术综述

在外文文献中，油藏和储层都是"reservoir"这一通用术语，因为开发阶段所要研究的构造是储层的构造，流体分布是储层内油、气、水的分布，而储层本身的非均质性更是油藏描述的重点。因此，我们习惯把"reservoir description"译为"油藏描述"，而"储层描述"则指狭义的储层本身特征的研究，不包含储层构造和流体的内容。所以开发地质工作的主要任务是进行油藏描述；储层描述则是油藏描述的核心。油藏描述的任务就是揭示油藏的开发地质特征，在油气田勘探评价和开发阶段，储层研究的目标是建立定量的三维储层地质模型，这是油气勘探开发深入发展的要求，也是储层研究向更高阶段发展的体现。现代油藏管理的两大支柱是油藏描述和油藏模拟，油藏描述的最终结果是油藏地质模型，而油藏地质模型的核心是储层地质模型，即储层属性的三维分布模型。

储层建模(reservoir modeling)是国外20世纪80年代中后期开始发展起来的储层表征(reservoir characterization)新领域，其核心是对井间储层进行多学科综合一体化、三维定量化及可视化的预测。近年来，该领域的发展十分迅速，数学地质和计算机工作者致力于发展各种建模方法，特别是各种随机模拟方法，而储层地质工作者则研究各种建模方法的地质适用性，并力求改进方法以建立符合实际地质的三维储层地质模型。

根据储层建模结果的唯一性可以把储层建模划分为两种基本途径，即确定性建模(deterministic modeling)和随机性建模(stochastic modeling)。

1.1.1　确定性建模方法

确定性建模是对井间未知区域给出确定性的预测结果，即从具有确定性资料的控制点(如井点)出发，推测出井间确定的、唯一的储层参数。然而，在资料不完善以及储层空间结构和储层参数空间变化比较复杂的情况下，人们难于掌握任一尺度下储层确定且真实的特征或性质，也就是说，在确定性模型中存在着不确定性。目前，确定性建模所应用的储层预测方法主要有储层地震学法、储层沉积学法及地质统计学的克里金(Kriging)方法。

1. 储层地震学方法

储层地震学方法主要是应用地震资料研究储层的几何形态、岩性及参数的分布，即从已知井点出发，应用地震横向预测技术进行井间参数预测，并建立储层的三维地质模型。该方法主要包括三维地震和井间地震方法(胡勇等，2011；李绪宣等，2011；霍春亮等，2007）。

（1）三维地震方法：三维地震资料具有覆盖面广、横向采集密度大的优点。应用三维地震资料（主要是利用地震属性参数，如层速度、波阻抗、振幅等），结合井资料和 VSP 资料，可在油藏评价阶段建立油组或砂组规模的储层地质模型，主要确定地层格架、断层特征、砂体的宏观格架及储层参数的宏观展布。

（2）井间地震方法：由于井间地震方法采用了井下震源及邻井多道接收，因而比地面地震（如三维地震）具有更多的优点：有较高的信噪比、增加了地震信息的分辨率、利用地震波的初至可准确地重建速度场，从而大大提高了井间储层参数的解释精度。

2. 储层沉积学方法

储层沉积学方法主要是在高分辨率等时地层对比及沉积模式基础上，通过井间砂体对比建立储层结构模型。

井间砂体对比是在沉积模式和单井相分析的基础上进行的。传统对比方法主要依据井间测井曲线的相似性或差异性来进行井间砂体解释。实际上，科学的井间砂体对比应是利用多学科方法（层序地层学原理、沉积学原理、高分辨率地震勘探资料及地层测试资料等）进行综合一体化的解释过程（于兴河和陈永峤，2004；王多云等，2004）。

3. 克里金方法

克里金方法是以变差函数为工具进行井间插值而建立的储层参数模型。井间插值是建立确定性储层参数分布模型的常用方法。该方法大致可以分为传统的统计学插值方法和地质统计学估值方法（主要是克里金方法）。由于传统的数理统计学插值方法（如反距离加权平均法）只考虑观测点与待估点之间的距离，不考虑地质规律所造成的储层参数在空间上的相关性，因此插值精度较低。为了提高对储层参数的估值精度，人们广泛应用克里金方法来进行井间插值。克里金法估值是根据待估点周围的若干已知信息，应用变差函数所特有的性质对估点的未知值作出最优（即估计方差最小）、无偏（即估计值的均值与观测值均值相同）的估计（张一伟等，1992），详见 3.2.4。

4. 统计学插值方法

传统的统计学插值方法主要有：反距离加权法、趋势面法、叠加法、改进谢别德法、切平面截距加权法、最小曲率法、径向基函数法、自然邻点法、最近邻点法等，详见第2章。

1.1.2 随机性建模方法

所谓随机建模，是指以已知的信息为基础，以随机函数为理论，应用随机模拟方法，产生可选的、等概率的储层模型的方法，即对井间未知区应用随机模拟方法给出多种可能的预测结果。这种方法承认控制点以外的储层参数分布具有一定的不确定性，即具有一定的随机性。因此采用随机建模方法所建立的储层模型不是一个，而是多个，即对同一储层，应用同一资料、同一随机模拟方法可得到多个实现(可选的储层模型)。通过各模型的比较，可了解井间储层预测的不确定性，以满足油田开发决策在一定风险范围内的正确性。随机建模方法(李少华等，2007；王家华和张团峰，2001；陈恭洋，2000；景成杰等，2009；唐义疆等，2006；杨辉延，2004)很多，主要有标点过程、序贯高斯模拟、截断高斯随机域模拟、指示模拟、马尔柯夫随机域模拟、二点直方图法的随机模拟、相控随机建模、分形随机域模拟等，以及目前尚不成熟的多点地质统计学方法。

1. 标点过程法

标点过程法是以目标物体为模拟单元的方法，主要描述各种离散性的地质特征的空间分布，如沉积微相、岩石相、流动单元、裂缝、断层及夹层等地质特征的空间分布，利用标点过程法(布尔方法)建立离散性模型。

标点过程法是以点过程的概率定律，按照空间中几何物体的分布规律产生这些物体的中心点的空间分布，然后将物体性质(如物体几何形状、大小、方向等)标注于各点之上。从地质统计学角度来讲，标点过程模拟是模拟物体点及其性质在三维空间的联合分布。

标点过程法的优点是运算速度快、方法简单和容易理解。该方法在许多方面有了改进，如难于忠实井资料和地震资料、目标物体形状简单化、仅适合于稀井网等。但是，在其应用中要有很强的先验地质知识，如各相的体积含量、各相几何形态(李霞等，2009)。

2. 序贯高斯模拟法

序贯高斯模拟是高斯模型常用的一种模拟方法。它是应用高斯概率理论和序贯模拟算法产生连续变量空间分布的随机模拟方法。模拟过程是从一个象元到另一个象元序贯进行的，而且用于计算某象元的条件累积分布(ccdf)的条件数据除原始数据外，还考虑已模拟过的所有数据。从 ccdf 中随机地提取分位数便可得到模拟实现。

模拟结果产生高斯分布变量的实现，必须进行反转换。它的优点是：①算法稳健，用于产生连续变量的实现；②当用于模拟比较稳定分布的数据时，序贯高斯模拟能快速建立模拟结点的 ccdf，然而当模拟级差较大的变量数据时，高斯矩阵不稳定，且不能用于类型变量的模拟。

序贯高斯模拟是应用极为广泛的一种连续变量的模拟方法。该方法快速简单，比较适合模拟连续地质变量，特别是一些中间值很连续且极值不是很分散(即非均质性相对较弱)的储层参数，如孔隙度、地震反射界面的构造图等。如果在高斯模拟中引入第二变量，可以进行序贯高斯协同模拟，又称其为多元序贯高斯模拟。由于可综合第二类信息对模拟变量的影响，该方法是一种更为有效的连续地质参数的模拟方法。在用该方法进行储层建模或储层预测研究时，可使模拟结果更真实、准确地反映参数的地质意义(李霞等，2009)。

3. 截断高斯随机域模拟法

截断高斯随机域属于离散随机模型，用于分析离散型或类型变量。模拟过程是通过一系列门槛值及截断规则网格中的三维连续变量而建立离散物体的三维分布。

该方法的优点是：①易于实现、速度快；②可在模拟中考虑地质因素；③可以对模拟结果进行条件限制，使之与条件数据相吻合(李霞等，2009)。

4. 指示模拟法

指示模拟既可用于离散的类型变量，又可用于离散化的连续变量类别的随机模拟。指示模拟的重要基础是指示变换和指示克里格。指示变换的最大优点是可将软数据(如试井解释、地质推理和解释)进行编码，继而可使其参与随机模拟。

指示模拟最大的优点是可以模拟复杂各向异性的地质现象，各个类型变量均对应于一个变差函数。也就是说，对于具有不同连续性分布的类型变量(相)，可指定不同的变差函数，从而可建立各向异性的模拟图像。另外，指示模拟除可以忠实于硬数据(如井数据)外，还可以忠实于软数据。其缺点是：

(1)模拟结果有时并不能很好地恢复输入的变差函数；

(2)在条件数据点较少且模拟目标各向异性较强时，难以计算各类型变量的变差函数；

(3)不能很好地恢复指定的模拟目标的几何形态(尤其是相边界)，一些类型变量是以一个或几个象元为单元零星地分布(李霞等，2009)。

5. 马尔柯夫随机域模拟法

马尔柯夫随机域既可用于离散物体，亦可用于离散化连续变量类别的随机模拟。其基本性质是某一象元、某类型变量条件概率仅取决于邻近象元的值。在实际应用中，条件概率常表达为邻近象元之间相互关联的指数函数。模拟算法常采用迭代算法，开始时给定一个非相关的初始图像，然后逐步进行迭代，直到满足指定的条件概率分布为止。

马尔柯夫随机域及半马尔柯夫随机域模拟法的优点在于，再现每一种状态复杂的非均质性的能力较强，适合于镶嵌状分布的相(或岩性)的随机模拟以及单一类型的相或岩性分布(如砂体内钙质胶结层的分布)。其缺点是：条件概率的确定相当复杂，特别是在条件数据有限时更为困难；难以很好地恢复相的几何形态；难以应用软数据(虽然很容易忠实硬数据)；模拟收敛很慢。目前这类模型应用很少，且主要限于二维空间(李霞等，2009)。

6. 二点直方图法的随机模拟法

二点直方图主要用于类型变量的随机模拟，它属于二点统计学的范畴。其主要特征是在空间范围内2个相距一定距离的象元分属于不同类型变量的转换概率分布，在特定偏移距所有两元类型变量的转移概率即构成二点直方图模型，主要应用优化算法(如模拟退火)进行随机模拟。

二点直方图适用于镶嵌状分布的沉积相(或岩性)的随机模拟，亦可用于只有2个相的沉积相的随机模拟。在实际应用中，二点直方图常在模拟退火中作为其他随机实现的后处理，但不能很好地恢复相几何形态(李霞等，2009)。

7. 分形随机域模拟法

分形随机域的最大特征是局部与整体的相似性。在分形模拟中，主要应用统计自相似性，即任一规模上变量的方差与其他规模上变量的方差成正比，其比率取决于分形维数（或间断指数）。分形模拟一般采用误差模拟算法，其模拟实现为克里格估值加上随机"噪音"，分形随机域的自相似性是它最大的优点（李霞等，2009）。

8. 相控随机建模方法

相控随机建模就是以密集井网测井解释资料为基础，以沉积微相平面分布作为边界条件，采用随机建模算法建立储层岩相（岩性）及其内部孔渗饱属性模型。由于同一微相内部，垂向上岩相（岩性）差异较大，孔渗饱属性值域很宽，相控孔渗饱属性模型不确定性仍较大，主要原因是随机抽样取值不准，具体表现为：在相控条件下的岩相（岩性）模型与孔渗饱属性模型匹配性较差，好的岩相（岩性）内部往往出现孔渗饱属性低值，而差的岩相（岩性）内部往往出现孔渗饱属性高值（张旺青等，2008；邓万友，2007；左毅等，2006；于兴河等，2005）。

9. 多点地质统计学方法

基于变差函数的传统地质统计学属于两点统计学，只能考虑空间两点之间的相关性，难于精确表征具有复杂空间结构和几何形态的地质体。而多点统计学则着重表达多点之间的相关性，应用"训练图像"代替变差函数表达地质变量的空间结构性，因而可克服传统地质统计学不能再现目标几何形态的不足，同时，由于该方法仍然以象元为模拟单元，而且采用序贯算法（非迭代算法），因此很容易忠实硬数据，并具有快速的特点，故克服了基于目标的随机模拟算法的不足。

过去10多年中多点地质统计学已经发展到石油工业应用中。多点地质统计学使用训练图像代替传统的两点地质统计学的变差函数，允许整合更复杂的地质信息到储层模型中，更适合复杂的井间储层预测。

然而，多点地质统计学目前仅能够描述离散性概念的空间结构，国内外多进行沉积相模拟，SNESIM算法能够快速模拟诸如辫状河流等复杂沉积相分布（详见附录），FIL-RERSIM算法更适合于孔隙结构模拟。国内外对于用多点地质统计学描述连续性数值变量的研究较少，仅见有初步用门槛值分级趋势模拟的方法，而恰恰描述诸如砂岩厚度、孔隙度、渗透率等连续性储层参数的数值分布是油藏描述研究的重要内容。因此，多点地质统计学对连续性数值变量描述的理论和方法亟待发展。

两点地质统计学使用变差函数模拟储层分布结构，具有两点性缺陷，但能模拟连续性参数，是数值性模拟算法；多点地质统计学使用训练图像，允许整合更复杂的地质信息，具有人类视觉认知事物的优点，更适合于非连续性参数的模拟，偏向于概念性模拟算法。如何把两种方法结合起来，优劣互补，成功地模拟连续性的储层参数分布，是目前较前沿的研究内容。

综上所述，目前储层地质建模技术的发展主要集中在地质统计学克里金方法和随机建模技术方法方面。但不管是确定性建模技术方法，还是不确定性建模技术方法，它们都以模拟储层参数的空间分布结构和变化为己任，从而受控于变差函数。而以训练图像代替变差函数的多点地质统计学方法尚处于发展初期，只能有限地预测沉积相分布（石书缘等，2011；吴胜和等，2005；Yuhong Liu，2006）。

1.2 相控建模理论与技术方法简介

我们通过 30 来年的油气藏地质建模工作，积累了先进的技术理论方法和经验。我们认为油气藏地质建模的关键是井间储层参数预测，而井间储层参数预测的最关键性问题，既不是空间结构分析方法问题，也不是网格点估值方法问题，而是已知信息的数量和质量问题。不管是克里金建模技术，还是随机建模技术，都是以不同的技术方法，在已知信息的基础上尽量预测和描述准确而已。但是，如果已知信息点数量不够，内含的分布结构不完整，则空间分布结构分析可能会失真，或者无法获取，那么就不可能准确预测未知点储层参数。因此，油气藏地质建模的根本性问题是"如何在井间挖掘更多更好的信息"，特别是那些趋势性的、规律性的地质信息。虽然这些信息在描述局部储层特征时误差大、可信度不高、但其数量大、内含空间分布结构的信息。有了这些富含地质趋势特征信息的协同，就可以避免空间分布结构分析的失真，增加待估点邻域内已知的信息量，提高井间储层参数预测的精度。

碎屑岩油气藏的形成主要受控于沉积、成岩、构造等诸多因素，特别是致密低渗和复杂断块的油气藏，沉积微相和油气水分布对油气藏起着至关重要的作用。而油气水分布的特征或模式，广义上也可以视为"流体相"分布。因此，利用这种"沉积相和流体相的相控作用"，研究油气藏储层参数预测的相控建模技术，并将其应用于碎屑岩油气藏精细描述的建模工作。

近几年我们一直致力于相控建模方法的研究和应用，在胜利油田、长庆气田、中原油田、青海油田、华北油田和四川等地的油气藏描述建模工作中，逐步形成了一整套以井间储层参数相控模拟和预测为主的碎屑岩油气藏相控地质建模技术和方法。主要由以下理论与技术方法组成。

1. 确定性相控建模理论与方法

对于陆相河流沉积体系的碎屑岩储层，由于河流的演变和水动力条件的变化，导致沉积环境不同，成岩后表现出不同沉积微相的砂岩厚度和平面分布形态，孔隙度和渗透率的变化大小和方向等各不相同。储层参数统计特征反映出不同沉积微相的沉积特征，反过来不同沉积微相的沉积特征也就决定了储层参数的统计特征，即沉积相对储层具有明显的控制作用。

运用沉积相对储层的控制作用来预测井间储层参数，分两步建立储层参数分布的确定性模型。首先，利用沉积微相对储层的控制作用，实现地质条件约束下的井间储层参数趋势预测，建立储层参数相控趋势模型；然后，以虚拟井的方式提取井间储层参数趋势信息，与实际井点获取的储层参数共同进行储层空间分布结构分析，并进行相控克里金展布，最终建立确定性的储层参数分布模型。

与其他相控建模方法是随机性建模不同，本书提出的是确定性相控建模理论和方法，并在 2003 年发表于《石油勘探与开发》"预测井间储集层参数的相控模型法（董伟和冯方

2003)"。就目前文献查阅，其他相控建模方法均为随机建模方法，即不确定性相控建模方法，所得到的是等概率的几个可选择模型，但使用者有时很难选择。本书提出的相控建模所得到的是唯一的储层模型不用选择。

2. 复合相控建模理论与方法

油气运移至储集岩，在有利的圈闭条件下形成油藏。因此，油层受到沉积、岩性和构造的多重控制，形成了目前的油气水分布。这种多因素条件下的油气水分布模式，控制了有效厚度的分布格局，同时也控制了含水饱和度或含油饱和度的分布。由于油气水分布实际上就是储层中流体相的分布，因此油层参数受到沉积相和流体相的复合控制。

使用沉积微相控制预测井间砂岩厚度、孔隙度和渗透率分布，使用沉积微相和流体相复合控制预测井间有效厚度分布，使用流体相控制预测井间饱和度分布，称这种油气储层参数相控建模方法为"复合相控建模"，2008 年发表于《成都理工大学学报（自然科学版）》"油气储层参数建模的'复合相控模型'法（董伟等，2008）"。

3. "流体相"概念的提出

在油气开发中，油气水分布受到构造和岩性的控制，特别是断层和沉积相。不同的沉积环境和构造特征，形成不同的油气水分布模式。每一个油气水层，每一个含油区、含气区、含水区，都有不同的边界形态和类型，以及组合关系，即具有某种成因条件。因此，我们把油气水分布模式定义为"流体相"。此处的相不是相态，是一种流体存在的成因相或成因类型，如沉积相一样。

董伟等（2008）首次把油气水分布模式以成因相的内涵定义为"流体相"概念，并应用于复合相控建模。虽然与龙国清（2007）提到的流体相同名，但实质不一样。他所提到的流体相仍然是流体"相态"，是考虑某种流体的存在对地球物理的影响来建模，而不是这种流体的成因对建模的影响。

流体相与流体相态的区别在于，一种流体只有一种相态，但可以有不同的成因"相"，譬如岩性圈闭、构造圈闭、岩性+构造圈闭、断层圈闭、岩性+断层圈闭、岩性+构造+断层等，这些圈闭条件下形成的含油气区就是流体相。因此，流体相就是地下流体在不同圈闭条件下在特定地层的存在形式，它就是目前现场上使用的小层平面图上所画出的油气水分布，或者油气水关系。

4. 相控地质趋势模拟方法

确定性相控建模的第一步是利用沉积相或流体相的统计特征模拟储层参数的地质趋势分布，为井间储层参数预测提供一个趋势意义上的软信息数据集合体。

首先建立相控均值模型，即给沉积相或流体相赋予对应的相控参数值和概率值，建立单层相控参数值和概率值的"平台模型"。

然后，模拟沉积相和流体相内和相之间储层参数的趋势变化特征，模拟中考虑了流体相不同边界类型的变化特征。在平台模型中以实际井点参数值为约束条件，利用了趋势残差叠加理论和随机理论模拟相内数值变化趋势和取值概率。

最后，利用概率模型计算相控预测可信度，通过等效校正，最终建立储层参数相控地质趋势模型。等效校正中，采用累积概率曲线转换法，校正了同相、同层和全局的均值和概率分布，使相内、层内和全局的钻井参数与趋势模型的均值及概率直方分布达到一致。

5. 相控变差函数最优套和拟合方法

确定性相控建模的第二步是利用实际井点和虚拟井点的储层参数进行空间分布结构分析和克里金展布。由于虚拟井点数据来源于相控模型，相控模型的数据是反映地质趋势特征的灰色数据。因此，计算实验变差函数时考虑数据点对的灰色程度或可信度，计算出的实验变差函数我们称为"软"实验变差函数。而且剔除了断层线两侧不连续性参数分布的数据点对，使相控模型数据的加入，提高了实验变差函数的质量，降低了实验变差函数失真的风险。

实验变差函数曲线通常受数据点对的数量、精度和分布质量的影响，曲线起伏不定，不仅单方向拟合难度较大，而且多方向套和拟合难度更大。譬如，河流大角度分支、大幅度弯曲、多方向流入（多物源方向沉积）、湖浪或海浪的改造，以及古地貌对沉积的影响等，造成不同方向上的实验变差函数曲线的形态差异很大，给理论变差函数曲线的套和拟合带来很大困难。因此，单一方向上，我们利用相控模型中的灰色数据信息，计算出趋势性实验变差函数曲线，供单方向变差函数曲线拟合时参考，采用多级球形套合模型进行最优拟合。同时，利用沉积相分布形态估算出各向异性比和最大变程方向，供多方向套和拟合时参考。

从实验变差函数曲线的计算开始，直到套和拟合结束，全程受到沉积相或流体相分布特征的指导。这种方法称为"相控变差函数最优套和拟合法"，实现了储层参数空间分布结构的相控分析法。

6. 虚拟井位优化方法

变差函数计算和拟合及克里金展布，都要以大量的虚拟井为基础。虚拟井如何提取，提取多大的数量，均会影响到相控建模的最后质量。钻井少而储层复杂的地区，则需要较多的虚拟井。但虚拟井太多，又会减弱实际钻井信息的作用，造成"喧宾夺主"现象。因此，虚拟井的位置是相控建模的主要影响因素之一。

本着以最少的虚拟井提取最多量的地质趋势信息的原则，我们采用三角蛇行技术，在井间搜寻和评价钻井控制程度低和沉积微相复杂的区域，实现了虚拟井自动提取和优化的目的，较好地解决了实际钻井和虚拟井之间的"主次矛盾"。

7. 相控克里金估值方法

相控建模的最后一步是实际钻井与虚拟井数据的相控克里金估值，分层建立各储层参数的网格数据模型。估值方法本身与常规克里金估值方法相同，但在估值之前需根据沉积相和流体相特征优选参估数据点，剔除与待估点无关的数据点，特别是断层线两侧的不连续性参数。突出与待估点关系密切的数据点，特别是体现局部趋势的数据点。

　　克里金估值过程中，所使用的理论变差函数模型的最大变程方向，按照储层参数分布特征对其进行实际修正。修正方向利用沉积微相边界和相控模型的地质趋势模型进行，砂体局部的几何走向和砂体尖灭线方向的模拟。估值结果不仅消除了边界的"花齿"现象，而且大大减弱了几何各向异性对建模的影响，可以适应多物源方向的储层建模。

　　并且，估值后的计算结果将再进行逻辑检验和等效校正。检验泥质沉积区、有效厚度零区、百分含水区的储层参数逻辑值。等效校正储层参数模型的统计特征，达到实际钻井和建立模型的统计特征一致，达到精度要求。

8. 油气藏相控地质建模软件技术

　　基于 Visual C++平台研制的油气藏相控地质建模软件 FCRM，经过十多年的研究，共 6 次完善和升级，形成了集相控建模和储层评价功能，包含上述几项关键技术方法的实用软件，并且达到商用化。软件共分沉积微相控制模型、流体相控制模型、相控克里金展布、储层参数分布与评价、Surfer 软件绘图接口区等 5 个功能区。

1.3　技术应用与推广前景

1.3.1　技术应用

1. 沉积相控确定性建模的产生和应用

　　本书研究内容开始于 2000 年的胜利油田某井区馆 3～6 砂层组井间参数预测研究项目，要求建立砂岩厚度、孔隙度、渗透率、饱和度分布模型。

　　该区面积小($3.42 km^2$)，注水开发后期为曲流河和辫状河沉积体系，无断层，裂缝不发育。砂体纵向上分布较连续，但横向变化大，并且沉积相变化尺度较小，致使储层参数变化大，非均质性较强。虽然井网较密，但仍然大于储层参数变化尺度，井间已知信息不足，井间参数预测难度较大。

　　该项目提出了确定性的相控建模的思路，采用沉积相约束，结合克里金技术预测井间储层参数的确定性分布。并且研制了相控-克里金建模软件 XKKrg 的第一版，仅用该区 246 口井中的 91 口井(其余为过路井)，建立了砂岩厚度、孔隙度、渗透率、含水饱和度单层分布模型。最后利用余下的 155 口井验证，失败率不超过 6%。并且，项目还得到了"注水开发油藏的沉积相控制作用随注水加强"的结论，这一认识打开了相控建模技术在疏松砂岩注水开发油藏中的应用前景。

2. 沉积相控建模在油气勘探期的应用和发展

　　2001～2003 年，在长庆气田某气藏砂体分布规律研究中，我们把沉积相控制建模技术运用到勘探时期的大面积稀疏井网储层的砂体展布和孔渗分布研究中。

　　该气藏勘探面积 $2.99×10^4 km^2$，沉积相都为由北向南的河流沉积体系，由于勘探井比较稀疏，分布不均匀，且工区面积较大。因此，仅靠已知井点信息，采用除相控以外的其他建模方法，均不能达到满意效果。有的甚至极差，要么成片砂分布，要么成孤立点状分布，不见河流沉积特征。

我们采用三角蛇行技术在井间搜寻和评价虚拟井，实现了虚拟井自动生成和优化，以最少的虚拟井携带最多的信息，较好地解决了实际钻井和虚拟井之间的"主次矛盾"。

进一步解决"主次矛盾"的方法是在实验变差函数计算中考虑了虚拟井点数据的灰度，即点对数据带可信度进行实验变差函数计算，获得了"软"实验变差函数曲线，降低了虚拟井"喧宾夺主"的可能性。并且，以沉积相分布形态模拟计算了各向异性比值和最大变程方向角度，作为理论变差函数模拟的参考，更好地体现了沉积相控制进行储层参数空间结构分析，进行储层参数井间预测。

上述技术改进和完善了相控建模技术理论，经过在长庆气田上述气藏的应用，达到了其他建模技术同等条件下不可能达到的效果。相控－克里金建模软件 XKKrg 升级为第二版，适用于勘探和开发各阶段不同钻井密度下的储层参数建模。并且在《石油勘探与开发》发表文章《预测井间储集层参数的相控模型法》。

3. 复合相控建模的产生和应用

2004 年，我们将沉积相控建模技术运用于中原油田某断块油藏精细描述项目研究中。该区块湖底扇沉积，含油含气，为极其复杂的断块型油气藏。面积约 $24km^2$，46 口井，处于开发早期，要求建立砂岩厚度、有效厚度、孔隙度、渗透率、饱和度分布等模型。

考虑到该区油水分布主要受区内复杂的断层控制，加上油水边界、气水边界、砂岩尖灭和致密非储层等，在各扇体局部形成岩性＋断层、岩性＋断层＋构造圈闭等多个含油含气区块。说明该区油层和气层同时受到了岩性、断层和构造圈闭的多重控制，而岩性与沉积相有关。因此，预测有效厚度也应该考虑到浊积扇沉积和断块式油气水分布对其的复合控制作用，饱和度只考虑油气水分布对其的控制作用。

在油气开发中，油气水在储层孔隙中是以不同相态存在的，并且与周边岩性、断层和构造圈闭条件形成不同的分布区。储层孔隙中油气水统称为地下流体，因此油气水分布就是流体在地层中不同成因条件下的相，油气水分布就是"流体相"分布。沉积相和油气水分布对储层的复合控制作用，就是沉积相和流体相对储层的复合控制作用。

利用净储比，我们在该断块成功地进行了复合相控建模，达到了理想的效果。相控－克里金建模软件也因此升级为第三版，适用于勘探和开发各阶段不同构造特征下的油气藏储层参数建模。

2005 年，我们又将复合相控建模技术运用在青海油田某油藏精细数值模拟研究项目的静态参数建模中。该区为河流相沉积体系的长轴背斜油藏，闭合面积 $39km^2$，闭合高度 400m，228 口井，处于开发中期，要求建立砂岩厚度、有效厚度、孔隙度、渗透率、饱和度分布等模型。

该区内部断层不发育，仅有少量小断层，储层主控因素为构造和岩性，并且北半部构造为主导，南半部岩性为主导。虽然井网较密，但半数砂层为分流河道沉积，河道窄、间距小。通过沉积微相和油水分布的复合相控，建立了该油藏 22 个小层的砂岩厚度、有效厚度、孔隙度、渗透率和含水饱和度等数值模型，为该油藏精细数值模拟奠定了扎实的基础，为剩余油模拟和综合调整方案制定打下了坚实的基础。

建模计算工作与软件升级完善同时进行，对不同类型的含油气边界线附近的净储比和饱和度变化特征进行了完善研究。软件升级后更名为FCRM5，界面由多文档框形式改为对话框形式，功能更直观，操作更容易，适用于勘探和开发各阶段不同类型含油气边界的油气藏储层参数复合相控建模。

4. 油气藏储层相控建模技术的完善和应用

2006年以来，我们通过不断研究和总结，逐步形成和完善了一套适合于碎屑岩的"油气藏储层相控地质建模技术"。它包括确定性相控建模技术、复合相控建模技术、相控变差函数最优套合拟合技术、虚拟井位优化技术、相控克里金估值技术等，并且软件新增加了相控模拟夹层密度分布技术和储层综合评价等功能，改善了相控克里金模拟计算时对河流方向变化的适应性。最后软件升级定型为第六版FCRM6。

技术和软件成果通过了多次应用验证。2006～2007年在西南油气田分公司完成了某地区须家河组储层研究及开发地质综合评价项目研究。该区面积1787km²，78口井，无断层，勘探期。通过在该项目的应用，油气藏相控储层建模软件FCRM6进一步完善了在勘探期稀疏井网下的适应性。

2008～2010年在中石油华北油田分公司完成了某油田低渗透油藏开发技术对策研究项目。该区由4个区块组成，面积共约为15km²，178口井，河流沉积，断层多而极其复杂，为典型的复杂断块低渗透油藏。项目组对地震解释、地层对比、沉积相划分、构造建模、相控储层建模、储层综合评价、油藏数值模拟、综合调整方案、储层改造与保护等多方面进行了综合研究，提出了该地区开发技术对策。其中，相控建模技术和软件FCRM6是主要技术方法之一，在该项目的应用，进一步丰富了相控建模技术与理论，进一步完善了FCRM6软件在复杂断块油藏的适应性。

2011～2012年我们对十余年的研究成果进行了总结和提炼，在"油气藏地质及开发工程国家重点实验室"的支持下，2012年由四川省科技厅主持鉴定了"碎屑岩油气藏相控地质建模技术研究和应用"科学技术成果(川科鉴字[2012]第731号)，得到包括两位院士的评审组"总体上达到国际先进水平"的好评，见图1-1；2013年"油气藏相控地质建模软件FCRM6"申请获得国家计算机软件著作权(软著登字第0543037号)，见图1-2。

2014～2015年在中石油华北油田分公司完成了某断块综合调整治理方案编制和另一断块综合治理方案研究项目。两个断块均为断层控制下形成的断鼻构造，为复杂构造和致密岩性制约的中低渗注水开发多层砂岩油藏，三角洲前缘亚相沉积，河道与边水侵入同向，与断层走向垂直，油藏含水上升快，油井单向受效多，水驱油波及系数低，采收率低，剩余油挖潜难度大。相控建模技术和软件FCRM6为两个断块的剩余油潜力评价奠定了扎实可信的地质模型，为综合调整治理方案和具体措施提供了详细的地质依据，进一步扩宽了相控建模技术与理论在油气田开发中的应用前景。

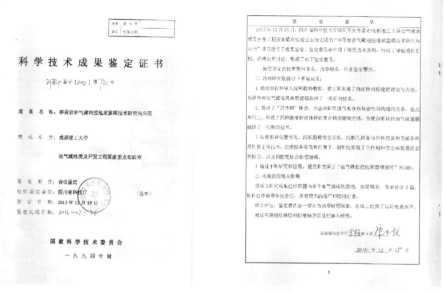

图 1-1　科学技术成果鉴定证书

图 1-2　计算机软件著作权登记证书

1.3.2　推广前景

本书研究的油气藏相控地质建模技术是建立在沉积和构造等基础理论之上的一项储层综合研究技术，拥有先进的技术软件，并经验证是比较完善和稳定的，值得在碎屑岩油气藏精细描述研究中推广应用的。油气藏描述是油气田开发的必要工作，储层建模在各大油田是生产性的研究工作之一，是提高采收率的重要手段，因此该技术在各大油气田推广应用的前景较广。

　　2005 年向青海油田勘探开发研究院推广了"相控－克里金建模软件"XKKrg 第三版；2010 年向华北油田第三采油厂推广了"油气藏相控地质建模软件"FCRM5；2014年向青海油田天然气开发公司推广了"油气藏相控地质建模软件"FCRM6，并开办了理论与技术培训班。

　　近几年，我们在华北、中原、青海、四川等几个油田多次进行油气藏相控地质建模技术讲座和学习班，培养了一大批现场技术人员使用。并且多年为硕士生、博士生课程讲授内容，已经有近十届硕士研究生毕业后将这项技术带到国内各个油气田，为复杂油气藏的研究和开发做出了较大贡献。

第2章 统计学插值方法

传统的统计学插值方法主要有：反距离加权法、趋势面法、叠加法、改进谢别德法、切平面截距加权法、最小曲率法、径向基函数法、自然邻点法、最近邻点法等，其基本原理如下。

2.1 统计学插值方法的基本原理

2.1.1 反距离加权法

该方法首先是由气象学家和地质工作者提出的，后来由于 D. Shepard 的工作被称为谢别德法。基本原理是：

设平面上分布一系列离散点，已知其位置坐标和属性值。$P_o(x,y)$ 为任一网格节点，其周围邻域内分布 n 个离散点，其坐标位置为 $P_i(x_i,y_i)(i=1,2,\cdots,n)$，属性值为 $z(P_i)(i=1,2,\cdots,n)$，通过距离反比加权的方法插值求取 P_o 点属性值 $z(P_o)$。

反距离加权法认为任何一个观测值都对邻域内的区域有影响，且影响的大小随距离的增大而减小。因此该方法实质是待插值点邻域内已知离散点属性值的加权平均，权重的大小与待插值点的邻域内已知离散点的距离有关，是距离倒数的 μ 次方，一般取为 2。

$$z(P_o) = \sum_{i=1}^{n} w_{oi} z(P_i) \tag{2-1}$$

$$w_{oi} = \frac{1/[\rho_i + \delta]^\mu}{\sum_{k=1}^{n}\{1/[\rho_k + \delta]^\mu\}} \tag{2-2}$$

$$\rho_k = Rd_k/(R - d_k)_+ \tag{2-3}$$

$$(R - d_k)_+ = \begin{cases} R - d_k, & \text{当 } R - d_k \geqslant 0 \\ 0, & \text{当 } R - d_k < 0 \end{cases} \tag{2-4}$$

$$d_k = \sqrt{(x - x_k)^2 + (y - y_k)^2} \tag{2-5}$$

式中，W_{oi} 是数据点权重，δ 是平滑因子，R 是邻域半径，通常是一个圆，即 $d_k(x,y) < R$ 的 n 个离散点参与计算，所以此法又称"圆法"。平滑因子 δ 为正数，数值越大，图形越平滑。

若同时考虑已知数据点来源的可信度 $b_i(x_i,y_i)(i=1,2,\cdots,n)$，则权重为

$$w_{oi} = \frac{b_i/[\rho_i + \delta]^\mu}{\sum_{k=1}^{n}\{b_k/[\rho_k + \delta]^\mu\}} \tag{2-6}$$

图 2-1 为某地区 43 个测试数据采用反距离加权法插值的分布图，从图中可以看出该方法有以下优缺点。

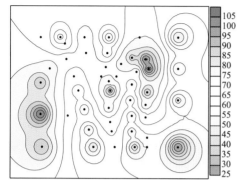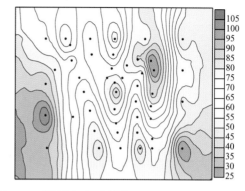

图 2-1 反距离加权法插值(各向同性)　　图 2-2 反距离加权法插值($r_{max}/r_{min}=2$，$\alpha_{rmax}=95°$)

优点：局部内插效果好，并且过已知数据点；可以考虑已知点的数据可信度，适合于观测值和估计值的不同精度数据的插值计算；可以考虑断层影响，对分布不连续的参数进行插值。

缺点：要求有一定数量的已知离散点数据，且分布较均匀；外延预测效果较差，边部等值线有时发散；方法考虑各向同性分布，在已知离散点附近等值线分布成同心圆，往往出现一串的"牛眼"效应。

反距离加权法的这些缺点可以通过一些方法得到改善。如考虑各向异性对权重的影响，可以采用"椭圆"邻域，公式(2-3)和公式(2-4)中 r_w 为不同方位的椭圆半径。考虑不同方位已知点分布的不均匀性的影响，可以设置邻域内各方位数据点的搜索条件。若考虑零梯度修正问题，在 $d_k/R<\varepsilon$ 时，可以采取插值点参数等于邻域内的已知点参数平均值。

比较图 2-1 和图 2-2，上述缺点得到了明显改善。但由于反距离加权法仅是从纯数学的观点对地质变量进行趋势估计，只考虑观测点(已知点)与待估点(插值点)之间的距离，而不考虑地质规律所造成的储层参数在空间上的相关性，往往对数据起着平滑作用，并且平滑作用随搜索半径的增大而增强。因此，该方法仍然存在外延预测效果较差和不适应极值点的缺点，只适用于对中小规模，并且数据差异比较小的区域进行插值。

2.1.2 趋势面法

严格来说，趋势面法并不是一种真正的插值方法，它仅仅通过定义多项式趋势面类型来表明已知数据点的全局趋势，实际上是一种趋势面分析作图方法，可用来确定数据的大规模趋势和图形。

应用该方法需要考虑两方面问题：一是趋势面数学表达式的确定；二是拟合精度问题。在数据点趋势特征未知的情况下，通常采用多项式来表达趋势。理论上多项式方次越高，拟合精度越高。但实际上方次越高，拟合误差越大，所需要的已知数据点越多。受已知数据点数目和拟合误差的限制，一般取二次或三次多项式。

设趋势面表达式为 m 次多项式，

$$z = a_0 + a_1 x + a_2 y + a_3 x^2 + a_4 xy + a_5 y^2 + \cdots + a_t y^m \qquad (2\text{-}7)$$

平面上分布 n 个离散点，已知其坐标位置和属性值为 $z_i(x_i, y_i)(i = 1, 2, \cdots, n)$，趋势面拟合值为 $\hat{z}_i(x_i, y_i)$，则残差为

$$\varepsilon_i(x_i, y_i) = z_i(x_i, y_i) - \hat{z}_i(x_i, y_i) \qquad (2\text{-}8)$$

残差平方和为

$$\Omega = \sum_{i=1}^{n} \varepsilon_i(x_i, y_i) = \sum_{i=1}^{n} (z_i - \hat{z}_i)^2 \qquad (2\text{-}9)$$

带入公式(2-7)得

$$\Omega = \sum_{i=1}^{n} \left[z_i - (a_0 + a_1 x_i + a_2 y_i + a_3 x_i^2 + a_4 x_i y_i + a_5 y_i^2 + \cdots + a_t y_i^m) \right]^2 \qquad (2\text{-}10)$$

使 $\Omega \to \min$，这就是在最小二乘法意义下的趋势面拟合。趋势面多项式方次 m 应满足方程 $t = (m+1)(m+2)/2 - 1 \leqslant n - 1$。

若考虑已知离散数据点的权重，公式(2-10)为

$$\Omega = \sum_{i=1}^{n} \left\{ w_i \left[z_i - (a_0 + a_1 x_i + a_2 y_i + a_3 x_i^2 + a_4 x_i y_i + a_5 y_i^2 + \cdots + a_t y_i^m) \right]^2 \right\}$$

$$(2\text{-}11)$$

权重可以考虑为已知数据点来源的可信度，以及数据点的分布密度。

若已知数据点来源的可信度为 $b_i(x_i, y_i)(i = 1, 2, \cdots, n)$，邻域 R 内包括自身的已知数据点个数为 $N_{Ri}(x_i, y_i)(i = 1, 2, \cdots, n)$，则权重为

$$w_i = \frac{b_i / N_{Ri}}{\sum_{k=1}^{n} (b_k / N_{Rk})} \qquad (2\text{-}12)$$

邻域半径 R 一般取已知数据点的平均距离。

若令 $x_1 = x$，$x_2 = y$，$x_3 = x^2$，$x_4 = xy$，$x_5 = y^2$，$\cdots$，$x_t = y^m$，求 Ω 对 a_0，a_1，a_2，a_3，a_4，a_5，$\cdots$，a_t 的偏导数，并令其为零，得方程组

$$\begin{cases} a_0 \sum_{i=1}^{n} w_i + a_1 \sum_{i=1}^{n} w_i x_{1i} + \cdots + a_t \sum_{i=1}^{n} w_i x_{ti} = \sum_{i=1}^{n} w_i z_i \\ a_0 \sum_{i=1}^{n} w_i x_{1i} + a_1 \sum_{i=1}^{n} w_i x_{1i} x_{1i} + \cdots + a_t \sum_{i=1}^{n} w_i x_{1i} x_{ti} = \sum_{i=1}^{n} w_i x_{1i} z_i \\ \vdots \\ a_0 \sum_{i=1}^{n} w_i x_{ti} + a_1 \sum_{i=1}^{n} w_i x_{ti} x_{1i} + \cdots + a_t \sum_{i=1}^{n} w_i x_{ti} x_{ti} = \sum_{i=1}^{n} w_i x_{ti} z_i \end{cases} \qquad (2\text{-}13)$$

用矩阵形式表示

$$\boldsymbol{W} = \begin{bmatrix} w_1 & & & 0 \\ & w_2 & & \\ & & \ddots & \\ 0 & & & w_n \end{bmatrix}, \; \boldsymbol{X} = \begin{bmatrix} 1 & x_{11} & x_{21} & \cdots & x_{t1} \\ 1 & x_{12} & x_{22} & \cdots & x_{t2} \\ \vdots & \vdots & \vdots & & \vdots \\ 1 & x_{1n} & x_{2n} & \cdots & x_{tn} \end{bmatrix}, \; \boldsymbol{Z} = \begin{bmatrix} z_1 \\ z_2 \\ \vdots \\ z_n \end{bmatrix}, \; \boldsymbol{A} = \begin{bmatrix} a_0 \\ a_1 \\ \vdots \\ a_t \end{bmatrix}$$

则公式(2-13)变为

$$(WX)^\mathrm{T}XA = (WX)^\mathrm{T}Z \tag{2-14}$$

由公式(2-14)解得

$$A = ((WX)^\mathrm{T}X)^{-1}(WX)^\mathrm{T}Z \tag{2-15}$$

由此得到系数 a_0，a_1，a_2，a_3，a_4，a_5，$\cdots$，a_t，即 m 次多项式表示的趋势面。

利用变量 z 的总离差平方和中回归平方和所占的比重，检验趋势面的拟合度，即相关系数

$$R = \sqrt{\frac{SS_R}{SS_T}} = \sqrt{1 - \frac{SS_D}{SS_T}} \tag{2-16}$$

式中，总离差平方和 $SS_T = \sum\limits_{i=1}^{n}\left[w_i\,(z_i - \bar{z})^2\right]$，回归平方和 $SS_R = \sum\limits_{i=1}^{n}\left[w_i\,(\hat{z} - \bar{z})^2\right]$，

剩余平方和 $SS_R = \sum\limits_{i=1}^{n}\left[w_i\,(z_i - \hat{z})^2\right]$。相关系数 R 越大，趋势面的拟合度就越高。

利用变量 z 的总离差平方和中剩余平方和与回归平方和的比值，检验趋势面拟合关系是否显著。显著性 F 检验

$$F = \frac{SS_R/t}{SS_D/(n-t-1)} > F_\alpha \tag{2-17}$$

则认为趋势面方程显著，否则不予显著。式中 F_α 为显著性水平 α 下的临界值，查 F 分布临界值表获得。显著性水平 $\alpha = 0.005$ 为高显著，$\alpha = 0.01$ 为显著，$\alpha = 0.05$ 为较显著，$\alpha = 0.1$ 为低显著。

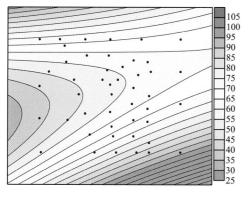

（$n = 47$，$t = 5$，$F = 5.27 > F_{0.005} = 3.98$，高显著；相关系数 $R = 0.6255$）

图 2-3　二次多项式趋势面

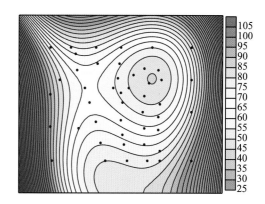

（$n = 47$，$t = 9$，$F = 16.539 > F_{0.005} = 3.32$，高显著；相关系数 $R = 0.8176$）

图 2-4　三次多项式趋势面

利用图 2-1 数据回归二次和三次多项式趋势面，其分布如图 2-3 和图 2-4 所示。可以看出，多项式趋势面回归能够模拟原始数据的宏观趋势特征，具有外延效果好和计算速度快等优点。但同时也具有比较明显的缺点，即趋势面不过已知点，不能拟合局部特征。同时，多项式方次越高，计算量和计算误差也越高。而且，图中趋势面并未体现出原始数据南北方向上的"槽状"分布特征，数学曲面不能较好地拟合地质特征。

2.1.3　叠加法

叠加法是反距离加权法和趋势面法的叠加组合方法。反距离加权法对局部拟合好，但外延性较差，并且要求原始已知数据点分布比较均匀；趋势面法外延性好，但对局部拟合较差。叠加法吸取了反距离加权法对局部拟合好和趋势面法外延性好的优点，互相弥补了反距离加权法外延性较差和趋势面法对局部拟合较差的缺点，能够较好地反映参数的局部和全局特征。

设平面上已知 n 个离散点为 $z_i(x_i，y_i)(i=1，2，\cdots，n)$，对应趋势面拟合值为 $\hat{z}_i(x_i，y_i)$，残差值为 $\varepsilon_i(x_i，y_i)$，由公式(2-8)得

$$z_i(x_i，y_i) = \hat{z}_i(x_i，y_i) + \varepsilon_i(x_i，y_i) \qquad (2\text{-}18)$$

第一步：首先由多项式回归拟合趋势面，并且计算趋势面网格分布和离散点对应趋势面拟合值 $\hat{z}_i(x_i，y_i)$，然后由公式(2-8)计算其残差值 $\varepsilon_i(x_i，y_i)$。

第二步：采用反距离加权法计算残差值网格分布。计算时，可以考虑残差分布的各向异性和数据点权重，设置合理的搜索条件和椭圆邻域主半径方位。

第三步：由公式(2-18)的关系，趋势面网格分布与残差值网格分布相加，最终得到参数网格分布。注意两个网格的大小和间距必须一致才能相加。

为了比较叠加法的优缺点，仍然采用图 2-1 数据进行插值计算。趋势面采用图 2-4 所示的三次多项式趋势面，残差值反距离加权插值计算采用图 2-2 所示的各向异性设置，残差值分布如图 2-5 所示。

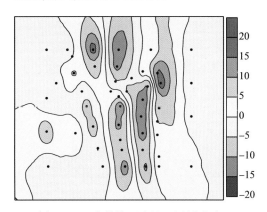

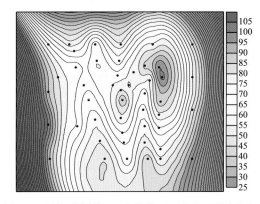

图 2-5　三次趋势面残差(反距离加权)　　　图 2-6　叠加法插值(三次趋势面+残差反距离加权)

三次多项式趋势面与残差反距离加权的网格叠加结果如图 2-6 所示，与趋势面图 2-4 相比，叠加法不仅保留了宏观趋势特征，而且增加了对数据点的局部拟合精度；与直接反距离加权法插值图 2-2 相比，叠加法不仅保留了对数据点局部拟合精度高的特点，而且对宏观趋势特征进行了预测，特别是对边部进行了趋势外延。

虽然数学趋势面并不能保证对地质参数的宏观特征的完全拟合和正确拟合，趋势面残差也不一定仅仅是数据点距离的函数。在复杂地质特征分布区，往往具有宏观全局和微观局部等多尺度的趋势特征，并且还具有自然的和非自然的随机"噪声"，仅靠简单的

数学公式和距离函数是难以准确描述的。

但是，与趋势面法和反距离加权法单个相比，叠加法具有宏观趋势分析和微观局部拟合的特点，具有外延性较好和局部拟合精度较高的优点，最关键的是研究思路符合地质参数区域性变量的特点，具有参数空间分布结构的初步研究。

2.1.4　改进谢别德法

改进谢别德法是由 Franke 和 Nielson 提出，它仍然是一个与距离成反比的加权方法。在反距离加权法插值时，使用的是邻域内 n 个已知离散点的属性值 $z(P_i)$ 进行反距离加权，而改进谢别德法对该点进行了改进。

首先分别以全部 N 个已知离散点为中心，在其邻域内进行反距离加权最小二乘曲面计算（同时还可以考虑数据点的可信度），获得 N 个过中心已知点的二次多项式函数。该步骤实质上是进行了 N 个局部二次趋势面分析，方法与 2.1.2 类似。

然后进行反距离加权法插值，只不过采用邻域内 n 个已知离散点所对应的二次多项式函数在插值点 P_o 的趋势值 $\hat{z}_i(P_o)$ 进行反距离加权，方法与 2.1.1 相同。

$$z(P_o) = \sum_{i=1}^{n} w_{oi} \hat{z}_i(P_o) \tag{2-19}$$

$$\hat{z}_i(P_o) = a_{0i} + a_{1i}x + a_{2i}y + a_{3i}x^2 + a_{4i}xy + a_{5i}y^2 \tag{2-20}$$

式中，权重 W_{oi} 用公式（2-2）或公式（2-6）计算，为以 P_i 点为中心并过 P_i 点的局部二次多项式在 P_o 点的趋势值，a_{0i}、a_{1i}、a_{2i}、a_{3i}、a_{4i}、a_{5i} 是第 i 个已知点的二次多项式系数，x、y 是插值点 P_o 的坐标。该方法计算量大，是一个过已知点和圆滑的方法。

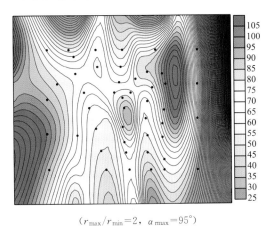

$(r_{\max}/r_{\min}=2,\ \alpha_{r\max}=95°)$

图 2-7　改进谢别德法插值（各向异性）

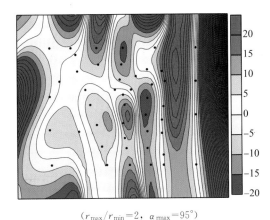

$(r_{\max}/r_{\min}=2,\ \alpha_{r\max}=95°)$

图 2-8　三次趋势面残差（改进谢别德）

利用图 2-1 数据采用改进谢别德法插值如图 2-7 所示。与趋势面图 2-4 相比，改进谢别德法提高了对局部数据的拟合精度；与反距离加权法插值图 2-2 相比，改进谢别德法提高了趋势延拓性，特别是对边部的趋势外延。

全局趋势图 2-4 与残差改进谢别德法插值图 2-8 叠加结果如图 2-9 所示。与直接改进谢别德法插值图 2-7 相比，全局宏观趋势与局部残差趋势的叠加方法保留了改进谢别德法的优点，提高了对边部的合理预测效果，如图 2-9 左边侧的趋势外延。特别与图 2-6 比较，由于改进谢别德法插值计算对残差预测质量的提高，图 2-9 比图 2-6 更加符合原始数据的变化。

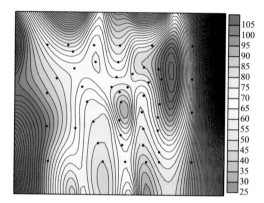

图 2-9　叠加法插值(三次趋势面＋残差改进谢别德)

该方法还可以通过限制残差影响距离的方法提高预测质量，特别是在距离已知数据点太远的边部区域，限制残差为零，预测值等于全局趋势值。

2.1.5　切平面截距加权法

切平面截距加权法利用离散数据求出各点的按数据可信度加权的最小二乘切平面，则任意点的插值为这些切平面在此插值点的截距的距离和可信度的加权平均值。

首先分别以全部 N 个已知离散点为中心，在其邻域内进行反距离加权最小二乘切平面计算(同时还可以考虑数据点的可信度)，获得 N 个过中心已知点的切平面。该步骤实质上是进行了 N 个局部一次趋势面分析，即切平面计算，方法与 2.1.2 类似。

然后进行反距离加权法插值，采用邻域内 n 个已知离散点所对应的切平面在插值点 P_o 的截距 $A_i(P_o)$ 进行反距离加权，方法与 2.1.1 相同。

$$z(P_o) = \sum_{i=1}^{n} w_{oi} A_i(P_o) \tag{2-21}$$

$$A_i(P_o) = a_{0i} + a_{1i}x + a_{2i}y \tag{2-22}$$

式中，权重 W_{oi} 用公式(2-2)或公式(2-6)计算，$A_i(P_o)$ 为以 P_i 点为中心并过 P_i 点的切平面在 P_o 点的截距，a_{0i}、a_{1i}、a_{2i} 是第 i 个已知点的切平面系数，x、y 是插值点 P_o 的坐标。

该方法类似于改进谢别德法，局部计算的是一次多项式，而改进谢别德法局部计算的是二次多项式，所以计算量比改进谢别德法略小，也过已知点，但圆滑程度不如改进谢别德法，外延误差也较改进谢别德法要大。最大优点是适应稀少数据点，只需要已知数据点在 3 个以上。

利用图 2-1 数据采用切平面截距加权法插值如图 2-10 所示。与改进谢别德法图 2-7 相比，图 2-10 的圆滑程度较图 2-7 低，边部外延的合理性也低于图 2-7，特别是图 2-10 左边部有大面积超高值。但整体上与纯粹的反距离加权法插值比较，同样条件下预测精度要高。

总结上述方法，反距离加权法、切平面截距加权法和改进谢别德法具有一个共性，即在插值点上均做的是反距离加权计算，而加权的元素是已知数据点对插值点的预测值。这三种方法区别在于已知数据点对插值点的预测方法不一样，如图 2-11 所示。

反距离加权法保守预测为已知数据点自身的数值，为一个过自身的水平面，可以看成是零方次多项式，忽略了横向变化；切平面截距加权法用一个过已知数据点自身、与趋势面相切的切平面来预测插值点，这个切平面可以看成是一次多项式，简单考虑了横向变化；改进谢别德法用一个过已知数据点自身的二次多项式来预测插值点，用二次多项式模拟横向变化，比前两种方法都更进了一步。在边部外延区域，反距离加权法肯定是保守预测，而切平面截距加权法和改进谢别德法不一定谁更合理，但肯定距离越近误差越小，反之距离越大误差越大。

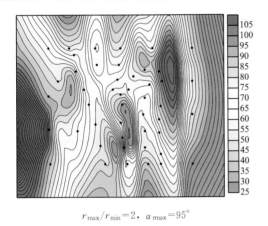

$r_{max}/r_{min}=2,\ \alpha_{rmax}=95°$

图 2-10 切平面截距加权法插值(各向异性)

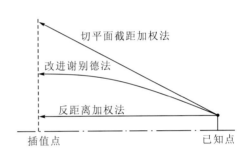

图 2-11 三种方法对插值点的预测方法示意图

趋势面法对局部预测的误差在前述五种方法之中是最大的，只能用在宏观趋势的分析上，但并不是方次越高精度越大。叠加法囊括了其他四种方法，原理最科学，预测精度关键在于对趋势的拟合精度和合理性。全局趋势和局部趋势可以是任意函数，全局趋势也可以是地质统计趋势，局部趋势也可以是随机函数，因此可以衍生出多种不同的方法。

2.1.6 最小曲率法

对于离散点曲面插值问题，最小曲率法所采用的插值约束条件为

$$E = \int_K (k_1^2 + k_2^2)\mathrm{d}s \to \min \tag{2-23}$$

即要求对通过已知点集$(x_i,\ y_i,\ z_i)$，$i=1, 2, \cdots, N$ 的插值曲面 K 上两主曲率 k_1、k_2的平方和的积分值为最小。上述积分值被称为曲面能(blending energy)或粗糙度(roughness)。由于曲面曲率具有不依赖于空间坐标系统的内在独立性，因而它是衡量曲面弯曲变化程度的最佳参数。

符合上述准则的曲面就是通常所期望的"最光滑"的理想曲面。但事实上考虑到对

曲面曲率计算的复杂性，一般常采用下式作为替代的约束条件：

$$E = \iint \left(\left| \frac{\partial^2 f}{\partial x^2} \right|^2 + 2 \left| \frac{\partial^2 f}{\partial x \partial y} \right|^2 + \left| \frac{\partial^2 f}{\partial y^2} \right|^2 \right) dx\,dy \rightarrow \min \tag{2-24}$$

即要求对曲面函数的二次偏导数项的平方和在插值区域内的积分值为最小。

　　样条插值是最常见的曲面及二维势力场插值方法，并已在众多工程领域中得到了广泛应用。它源于 Harder 和 Desmarais、Duchon、Meingue 等人的研究，Dubrule 通过分析说明了它和 Kriging 插值在一定条件下是一致的。

　　以上两种约束条件只是在曲面近似水平的情况下才是相似的。另外，对于诸多复杂的不完全连续光滑的曲面模型，各种直接的全局插值方法通常并不适用，对于地学中的曲面亦是如此。如构造面就可能出现直立或倒转及与各种性质的断层互相切割的现象，这时则必须采用离散化的插值方法，对此 Mallet 建立了采用数学语言描述的复杂自然对象的离散几何拓扑模型，并提出了相应的归一化的 DSI（discrete smooth interpolation）插值方法。它采用了使各节点与其相邻点间平均值之平方差在全区之和为最小的约束条件。

　　对曲面离散化的最简单形式是采用三角剖分的方法，由此可以在曲面任意倾斜情况下实现对曲面曲率的精确估计，并导出相应的采用有限元方法的插值计算公式。由于离散方法可在区内任意设置不连续边界，并能对边界点设立一定的约束条件，这在处理构造曲面插值及其他类似问题时显得非常必要。

　　给定空间曲面 $z = f(x, y)$ 上的任一点 $P(x_0, y_0, z_0)$，对该点附近做 Taylor 展开后有：

$$\begin{aligned} z = a_0 &+ a_1(x - x_0) + a_2(y - y_0) + a_3(x - x_0)^2 \\ &+ a_4(x - x_0)(y - y_0) + a_5(y - y_0)^2 + \cdots \end{aligned} \tag{2-25}$$

这时可以直接得到公式（2-24）中的 P 点二次偏导数项平方和的值：

$$e = 4a_3^2 + 2a_4^2 + 4a_5^2 \tag{2-26}$$

　　上式与所选取的求导方向无关。在 P 点曲面局部位于水平的情况下，该点法线垂直于水平面，过其法线任意方向平面所得切割曲线（法截线）及对应的在该点处的曲面曲率与它在此方向上的曲面函数的二次偏导数是一致的，曲面的两主曲率位于曲面函数展开式中二次项的主方向上，该点的主曲率的平方和与其偏导数的平方和也完全相同。即：

$$k_1^2 + k_2^2 = 4a_3^2 + 2a_4^2 + 4a_5^2 \tag{2-27}$$

　　在曲面倾斜的情况下，其主曲率平方和值不再与其二次偏导数项平方和值相等，还需要计入曲面倾角及倾向的影响。它们只是在曲面趋于水平时才接近一致，其偏差将随该点处曲面倾角的增大而呈平方倍数增加。

　　而样条插值方法可以看成是对减去趋势面高度后的数据点再进行插值的过程。采用趋势面的目的是将剩余的插值曲面整体校正到近似水平位置，但若在曲面局部存在较大的梯度变化时，它的形态可能与此全区固定不变的趋势面相差甚远。这常常会导致超调（overshoot）的现象，而且设定趋势面造成了在远离插值点处的曲面形态被强制调节到与此趋势面相符合，这是其另一不利之处。有限元方法通过在对曲面局部逐处校平后再计算其二次偏导数的平方和值，这样它与该处的主曲率平方和的值始终是一致的，因而能够获得更合适的插值效果。

在采用有限元方法计算之前，将整个插值曲面剖分为一系列小三角面，这些小三角面的形状和大小基本一致，并应使各相邻三角面之间的曲面倾角不会出现大的变化，将每个三角面上的曲面高度值近似定义为一二次抛物面函数，即对任一三角面，其高度值有：

$$z(x, y) = ax^2 + bxy + cy^2 + dx + ey + f \qquad (2\text{-}28)$$

上式的 6 个系数由该三角面的 3 个顶点及与其相共边的另外 3 个三角面的 3 个另外的顶点所决定，如图 2-12 所示。

只要将每个三角面分割得足够小，我们将认为其两主曲率值在整个三角面内不变。三角单元内的曲面能为其面积与其主曲率平方和之积，在三角面近似水平时有：

$$e = s \times (4a^2 + 2b^2 + 4c^2) \qquad (2\text{-}29)$$

式中，s 为该三角面的面积。

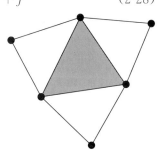

图 2-12　三角面及其相
关点示意图

在全区各三角面均为近似水平时，它的总的曲面能有：

$$E = \sum_{i=1}^{N} s_i (4a_i^2 + 2b_i^2 + 4c_i^2) \qquad (2\text{-}30)$$

式中，N 为所剖分的三角面个数。

由全区总的曲面能应取极小值，则有：

$$\frac{\partial E}{\partial z_j} = 0, \ j = 1, 2, \cdots, M \qquad (2\text{-}31)$$

式中，M 为全区属性值未知的三角面顶点个数。

带入公式(2-30)有：

$$\sum_{i=1}^{N} s_i \left(8a_i \frac{\partial a_i}{\partial z_j} + 4b_i \frac{\partial b_i}{\partial z_j} + 8c_i \frac{\partial c_i}{\partial z_j} \right) = 0, \ j = 1, 2, \cdots, M \qquad (2\text{-}32)$$

这里假定 s_i 随 z_i 的变化不大，对于任一 z_j，与其相邻的三角面以及与相邻三角面共边的三角面有关，假设为 $k = 1, 2, \cdots, p(p <\!\!< M)$ 个，其各项系数可记为 s_k, a_k, b_k, c_k，上式可改写为

$$\sum_{k=1}^{p} s_k \left(2a_k \frac{\partial a_k}{\partial z_j} + b_k \frac{\partial b_k}{\partial z_j} + 2c_k \frac{\partial c_k}{\partial z_j} \right) = 0, \ j = 1, 2, \cdots, M \qquad (2\text{-}33)$$

上式可以通过偏导数整理为线性方程组的形式，各节点的属性值直接通过对线性方程组的求解而得到。同时也可以写成迭代计算公式的形式，通过迭代计算求得各节点的属性值。

由于曲面中的所有三角面不可能同时处于水平状态，因此各项系数将随曲面倾角的增加而产生偏差。但可以发现，每一项系数只涉及插值曲面中的小块局部，因此只要通过分别对相应的曲面局部作三维坐标旋转，使得各三角面在新坐标空间内处于近水平状态，那么在该处的曲面二次偏导数项平方和值仍与其曲面主曲率的平方和值保持一致。

上述即最小曲率的有限元迭代方法，采用迭代的方法逐次求取或线性方程组求解网格节点数据，其插值面类似于一个弹性薄板，该"板"经过所有的数据点，且每个数据点具有最小曲率。

仍然利用图 2-1 数据采用最小曲率法插值如图 2-13 所示。与前述几种方法比较，由

于最小曲率法采用全区数据进行网格化，因而比较适合于数据分布不均匀的情况。在尽可能体现原始数据的同时，最小曲率法产生尽可能光滑的曲面，绘图比较美观。因此优点是速度快，适合大量数据的网格化，而缺点是主要考虑曲面的光滑性，不能达到精确的插值结果，容易超出最大值和最小值的范围，特别是边部外延区域。

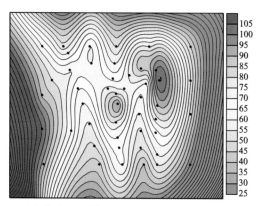

图 2-13　最小曲率法插值（各向异性：$r_{max}/r_{min}=2$，$\alpha_{rmax}=95°$）

2.1.7　径向基函数法

径向基函数简记为 RBF，最初应用于逼近理论中，即离散数据点的插值。它被认为是解决离散数据插值的最精确稳定的方法。

径向基函数插值的定义是：已知平面离散数据 $\{P_i, z_i\}_{i=1}^{N} \in R^2 \times R$，选取径向基函数 $\Phi: R^+ \to R$，利用平移构造基函数系 $\{\Phi(P_i - P_i)\}_{i=1}^{N}$，并寻找插值函数 $Z(P)$ 形如

$$Z(P) = c_1 x + c_2 y + c_3 + \sum_{i=1}^{N} \lambda_i \Phi(P - P_i) \tag{2-34}$$

满足插值条件

$$Z(P_i) = z_i \tag{2-35}$$

以及正交条件

$$\sum_{i=1}^{N} \lambda_i = \sum_{i=1}^{N} \lambda_i x_i = \sum_{i=1}^{N} \lambda_i y_i = 0 \tag{2-36}$$

求解如下方程可得到系数 λ_1、λ_2、$\cdots$、λ_N 和 c_1、c_2、c_3。

$$\begin{bmatrix} \Phi(P_1-P_1) & \Phi(P_1-P_2) & \cdots & \Phi(P_1-P_N) & x_1 & y_1 & 1 \\ \Phi(P_2-P_1) & \Phi(P_2-P_2) & \cdots & \Phi(P_2-P_N) & x_2 & y_2 & 1 \\ \vdots & \vdots & \vdots & \vdots & \vdots & \vdots & \vdots \\ \Phi(P_N-P_1) & \Phi(P_N-P_2) & \cdots & \Phi(P_N-P_N) & x_N & y_N & 1 \\ x_1 & x_2 & \cdots & x_N & 0 & 0 & 0 \\ y_1 & y_2 & \cdots & y_N & 0 & 0 & 0 \\ 1 & 1 & \cdots & 1 & 0 & 0 & 0 \end{bmatrix} \begin{bmatrix} \lambda_1 \\ \lambda_2 \\ \vdots \\ \lambda_N \\ c_1 \\ c_2 \\ c_3 \end{bmatrix} = \begin{bmatrix} z_1 \\ z_2 \\ \vdots \\ z_N \\ 0 \\ 0 \\ 0 \end{bmatrix}$$

$$\tag{2-37}$$

径向基函数包括多种，有：

倒转复二次函数 $\qquad \Phi(d) = \dfrac{1}{\sqrt{d^2 + \delta^2}}$ （2-38）

复对数 $\qquad \Phi(d) = \lg(\sqrt{d^2 + \delta^2})$ （2-39）

复二次函数 $\qquad \Phi(d) = \sqrt{d^2 + \delta^2}$ （2-40）

自然三次样条函数 $\qquad \Phi(d) = (\sqrt{d^2 + \delta^2})^3$ （2-41）

薄板样条函数 $\qquad \Phi(d) = (d^2 + \delta^2)\lg(d^2 + \delta^2)$ （2-42）

上述诸式中，d 为插值点与已知点的距离，R 为平滑因子，使得生成的曲面不至于太粗糙。实际应用中，许多人都发现复二次函数的效果最佳。

利用图 2-1 数据采用复二次函数进行径向基函数法插值如图 2-14 所示。与最小曲率法图 2-13 比较，两者内部差别不大，但在边部外延区域差别较大。最小曲率法外延的起伏较大，容易超出最大值和最小值的范围，而径向基函数法外延的起伏变化较最小曲率法小，外延的可靠性相对较大。

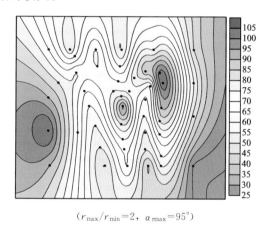

$(r_{max}/r_{min}=2,\ \alpha_{rmax}=95°)$

图 2-14　径向基函数法插值（复二次函数，各向异性）

径向基函数法的原理表明，径向基函数法是对最小曲率法插值的改进，即属于精确的最小曲率插值法。径向基函数法具有计算简单、效率高、储存方便的优点。径向基函数法在计算几何、微分方程数值解、神经网络等方面有着广泛的应用。更重要的是它几乎可以逼近所有函数，因此，选择用它来做离散数据的曲面重建。

但径向基函数法缺点是难以处理数据量较大的点集，因而有人提出了局部径向基函数插值方法，就是将全局空间划分成若干子区间，对每个子区间利用径向基函数法进行插值运算。这样一来，每个子区间内由于数据少，使得插值耗时降低。

2.1.8　自然邻点法

自然邻点法是基于给定已知点的 Voronoi 图，通过自然邻点的坐标值构造插值函数的一种插值方法。该方法只需要已知离散点信息，至于离散点的 Voronoi 图目前已经有很多成熟算法。

自 Braun 和 Sambridge 提出自然邻点插值法以来，以 Voronoi 图为几何基础的数值方法在国内外得到极大的关注，许多学者开展研究，并在不同的工程领域得到一定的应用，特别是在计算固体力学和流体力学领域得到了很大关注和应用。

1. Voronoi 图和 Delaunay 三角化

在平面域上，记 N 个离散点集合为 $S = \{P_1, P_2, \cdots, P_N\}$，作任意两个点 P_i，$P_j(i \neq j)$ 的垂直平分线，该垂直平分线将平面分成两个分别包含 P_i，P_j 点的半平面，包含 P_i 点所有半平面的交集组成一个封闭的或无界的凸多边形，该凸多边形为对应 P_i 点的 Voronoi 单胞，如图 2-15(a) 所示。对应 P_i 点的 Voronoi 单胞可定义为

$$T_i = \{P \in R^2 \mid d(P, P_i) < d(P, P_j), \ \forall_{j \neq i}\} \tag{2-43}$$

两个 Voronoi 单胞的公共边界，称为 Voronoi 边。由集合 S 的所有 Voronoi 边组成的图形称为 Voronoi 图(图 2-15(b))。将具有公共边界的 Voronoi 单胞对应的点连接所得到的三角形，称为 Delaunay 三角形(图 2-15(c))。

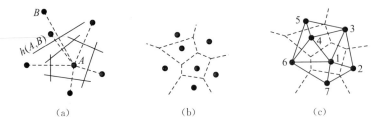

图 2-15 Voronoi 图和 Delaunay 三角化

对于某个点而言，其自然邻点为与包含点的 Voronoi 单胞相邻的 Voronoi 单胞所包含的点。图 2-15(c) 中点 1 的自然邻点为点 2、3、4、6、7，实际计算中，可以利用 Delaunay 三角化的外接圆性质确定插值点的自然邻点，如图 2-16 所示。插值点 P 同时位于 Delaunay 三角△134 和△132 的外接圆之中，所以插值点 P 的自然邻点为该两个相邻 Delaunay 三角的顶点 1234。

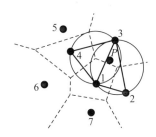

图 2-16 外接圆性质确定插值点示意图

确定了插值点的自然邻点后，插值点 P 的某种物理量就可以利用这些邻点的物理量构造以下的局部插值格式。

$$z(P) = \sum_{i=1}^{n} \varphi_i(P) z(P_i) \tag{2-44}$$

其中，$z(P_i)$ 为第 i 个自然邻点的物理量；n 为插值点 P 的自然邻点数；$\varphi_i(P)$ 为第 i 个自然邻点的插值基函数(形函数)在插值点 P 的值。一般用 Sibson 插值和 Laplace 插值来

构造自然邻点形函数 $\varphi_i(P)$。

2. Sibson 插值形函数

上述定义的 Voronoi 单胞为一阶 Voronoi 单胞，类似地可以定义二阶 Voronoi 单胞（图 2-17），Sibson 插值形函数的数学定义为

$$\varphi_i(P) = \frac{A_i(P)}{\sum\limits_{j=1}^{n} A_j(P)} \tag{2-45}$$

式中，n 为插值点 P 的自然邻点数。

图 2-17 中公式 2-45 的分母为插值点 P 的二阶 Voronoi 单胞面积 $abcd$；分子为第 i 个自然邻点的一阶 Voronoi 单胞和插值点 P 的二阶 Voronoi 单胞的交集面积。如图 2-17 所示，自然邻点 1 的一阶和二阶 Voronoi 单胞的交集面积为 $abfe$。因此，Sibson 插值形函数的物理实质是一阶和二阶 Voronoi 单胞的交集面积在二阶 Voronoi 单胞面积中的贡献。

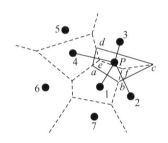

图 2-17 二阶 Voronoi 单胞图

由公式（2-45）的定义可知，Sibson 自然邻点形函数具有以下性质：

(1) $0 \leqslant \varphi_i(P) \leqslant 1$；

(2) $\sum\limits_{i=1}^{n} \varphi_i(P) = 1$；

(3) 若 $P \rightarrow P_j$，则 $\varphi_i(P) \rightarrow 1$，$z(P) \rightarrow z(P_j)$；

(4) 在已知点处为 C^0 阶连续，已知点外的区域为 C^∞ 阶连续；

(5) 在凸区域边界上，Sibson 插值为线性精确，对于非凸区域边界上，只要适当增加已知点数，其误差就很小。

第（3）种情况时，若 $z(P_j)$ 未知，则 P_j 点的一阶 Voronoi 单胞降为二阶 Voronoi 单胞，并在其内补充无 P_j 点时的一阶 Voronoi 单胞图（图 2-18），计算 $\varphi_i(P_j)$ 和 $z(P_j)$ 的方法与上相同。

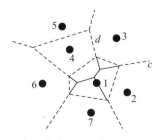

图 2-18 自然邻点 1 的二阶 Voronoi 单胞图

3. Laplace 插值形函数

Laplace 插值由 Belikov 等人提出，由于该插值与 Laplace 方程密切相关，因此一般称之为 Laplace 插值，也有人称之为非 Sibson 插值。

对于二维问题，Laplace 插值形函数的形式为

$$\varphi_i(P) = \frac{\alpha_i(P)}{\sum\limits_{j=1}^{n} \alpha_j(P)}, \ \alpha_j = \frac{s_j(P)}{h_j(P)} \qquad (2\text{-}46)$$

其中，$s_j(P)$ 是与自然邻点 j 关联的 Voronoi 边的长度，$h_j(P)$ 为插值点 P 到自然邻点 j 关联的 Voronoi 边的距离(图 2-19)。

由公式(2-46)的定义可知 Laplace 插值形函数具有 Sibson 插值形函数的性质(1)、(2)、(3)和(4)。另外，Laplace 插值形函数在自然邻点及其 Delaunay 圆周上都是 C^0 阶连续，Laplace 插值形函数对非凸区域边界也是线性精确的。

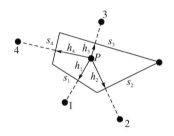

图 2-19 Laplace 插值形函数计算示意图

上述计算 Sibson 和 Laplace 形函数的方法实际上利用的是 Watson 算法，该算法存在两个不足，即不易扩展为三维问题和不能计算位于 Delaunay 三角形边上插值点的形函数。第二个不足很容易解决，对位于 Delaunay 三角形边上插值点，只要给一个小的偏差就能计算其形函数，对于第一个不足较难解决。

4. 离散扫描式插值形函数

为了克服 Watson 算法的不足，可以采用离散扫描式的方法，既可以扩展为三维，也可以计算位于 Delaunay 三角形边上插值点的形函数，而且方法简单，容易实现。缺点是扫描量较大，精度始终低于连续算法。

基于 Sibson 插值形函数，以图 2-17 所示二阶 Voronoi 单胞图中插值点 P 为中心，按照一个较小的步长 ds，逐步向外扫描。二维扫描为正方形外圈，三维扫描为正方体表层。

根据 Voronoi 单胞图原理，凡是距离插值点 P 最近的扫描点为 P 点的二阶 Voronoi 单胞点，同时距离自然邻点 P_i 第二近的扫描点为 P_i 点的一阶 Voronoi 单胞点。假设逐步向外扫描直到没有任何点满足上述两个条件时，插值点 P 的二阶 Voronoi 单胞点总数记为 N_p，自然邻点点 P_i 的一阶 Voronoi 单胞点总数记为 $N_i(P)$，则离散扫描插值形函数计算公式为

$$\varphi_i(P) = \frac{N_i(P)}{N_p} = \frac{N_i(P)}{\sum\limits_{j=1}^{N} N_j(P)} \qquad (2\text{-}47)$$

插值点 P 的物理量计算公式为

$$z(P) = \sum_{i=1}^{N} \varphi_i(P) z(P_i) \qquad (2\text{-}48)$$

上式表面上是全局插值形式，但实际上是局部插值，因为只有 P_i 的一阶和 P 的二阶 Voronoi 单胞交集面积内的单胞点才符合扫描条件，在 P 的二阶 Voronoi 单胞面积内才有贡献，其余的 $N_i(P)$ 为零，$\varphi_i(P)$ 为零，贡献为零。

该方法扫描步长 ds 越小，精度越高，但扫描时间随扫描步长 ds 的减小，成平方或立方的形式增加。为了减少扫描时间，避免不必要的扫描点，可以采取逐级加密的阶梯式扫描方式。首先初始扫描步长设置较大，扫描点改为扫描体，判断扫描点周围 ds^2 面积（二维）或 ds^3 体积（三维）是否全部满足、部分满足或全部不满足条件，如图 2-20 所示。按一定规则逐级减小 ds，加密扫描上一步较粗的部分满足条件的扫描体，直到扫描步长满足一定下限 ε 为止。由于凸集的特征，扫描体只需扫描二维矩形的四个顶点，或者三维立体的八个顶点。

用公式(2-47)改为面积累加或体积累加的形式计算插值形函数，其精度决定于扫描步长下限 ε，一般为原始数据点之间最小距离的十分之一。

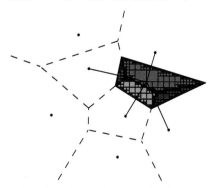

图 2-20　逐步加密离散扫描示意图

研究结果证实，由于自然邻点插值法是在数据集里插入一个新点时，修改与原始数据点对应的 Voronoi 单胞，插值点的物理量由该点的自然邻点决定，而每个自然邻点对插值点物理量所作贡献的权重由该点的自然邻点坐标决定，所以经过自然邻点方法插值后的分布数据可以产生更为光滑、精度更高的可视化图形，对于分布高度不规则的地球物理数据网格化处理具有良好的效果。

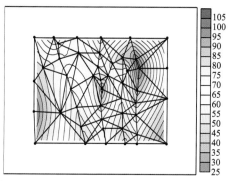

图 2-21　自然邻点法插值(稀疏数据，各向异性：$r_{max}/r_{min} = 2$，$\alpha_{rmax} = 95°$)

利用图 2-1 数据采用自然邻点法插值如图 2-21 所示。由于自然邻点法的特点是在原始数据分布凸集之内插值，所以该方法最大缺点是不能向凸集之外延拓。另外，若原始数据点稀疏时，在 Delaunay 三角的顶点和边上，容易造成屋脊或反屋脊，此时若网格密度不足，则会出现图 2-21 所示的局部不平滑。

自然邻点插值法的优点是适合大数据集，特别适合不同形式的密集规则网格数据之间的重新采样，比如地震解释时间数据，如图 2-22 所示。

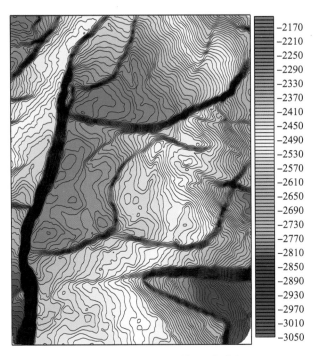

图 2-22　自然邻点法插值（密集数据）

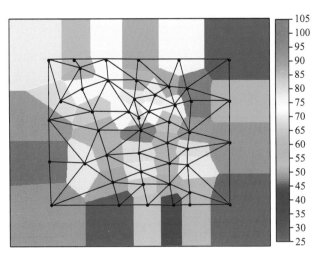

图 2-23　最近邻点法插值（各向同性）

2.1.9　最近邻点法

最近邻点法又称泰森多边形方法(即 Voronoi 图),是荷兰气象学家 A. H. Thiessen 提出的一种插值方法。最初用于从离散分布气象站的降雨量数据中计算平均降雨量,现在地理分析中经常采用泰森多边形进行快速的赋值。

严格意义上,最近邻点法不是一个插值方法,它隐含了一个假设条件,即任一待估网格点 P 的属性值都使用距它最近的位置点的属性值,用每一个网格节点的最邻近点值作为待估的节点值。

$$z(P) = z(P_i) \mid d(P, P_i) = \min, \ i = 1, 2, \cdots, N \tag{2-49}$$

$$d(P, P_i) = \sqrt{(x - x_i)^2 + (y - y_i)^2} \tag{2-50}$$

当数据已经是均匀间隔分布,要将数据转换为另一种格式的网格数据,可以应用最近邻点法。譬如使用最近邻点法,将一个规则间隔的 XYZ 三列式分布格式的数据转换为一个网格数据格式时,可设置网格间隔和 XYZ 数据的数据点之间的间距相等。

或者在一个密集网格数据中,只有少数点没有取值,可用最近邻点插值法来填充无值的数据点。目前地球物理研究领域对该方法应用较多,譬如地震数据在断层局部进行补空插值计算。

最近邻点法还可以应用到非连续数据的插值。譬如地质上的沉积相、储层类型、裂缝发育程度等,这些参数是某种固定概念或特有类型,不能像前述连续性参数一样进行插值,因此只能采取最近邻点法,网格节点取最邻近已知点的概念或类型。

利用图 2-1 数据采用最近邻点法插值如图 2-23 所示。由于最近邻点法与 Voronoi 单胞的原理相同,图 2-23 各已知点的最近邻点范围即泰森多边形,与图 2-21 的 Voronoi 单胞和 Delaunay 三角形应该是一致的。比较图 2-21 和图 2-23,发现 Delaunay 三角形有部分不一致,根据图 2-23 的最近邻点原理,其 Delaunay 三角形绝对正确,而图 2-21 的 Delaunay 三角形则是因 Surfer 软件算法有一定误差。

2.2　网格节点构建方法

储层参数展布需要事先确定网格节点位置,即建立网格模型。网格模型分二维网格模型和三维网格模型,二维网格模型即平面网格,而三维网格模型由平面网格和纵向网格组成。

平面网格分为结构性网格和非结构性网格两种。结构性网格分等间距网格和不等间距网格;非结构性网格即通常所说的三角网格和角点网格,来源于有限元研究。

2.2.1　平面结构性网格构建方法

结构性网格是一种网格线平行于坐标,并按一定有规则的间距分布的网格。储层建模中所使用的结构性网格,按坐标体系有笛卡尔坐标网格和极坐标网格,如图 2-24(a)和(b)所示。通常储层参数展布采用笛卡尔坐标网格,而变差函数计算中的数据点对统计采用极坐标网格(详见章节 3.2.4),以及在单井数值模拟等一些研究中也采用极坐标网格。

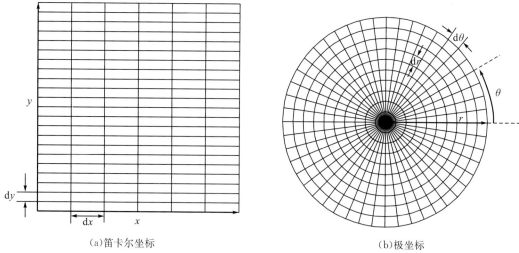

(a)笛卡尔坐标　　　　　　　　　　　　　　　　(b)极坐标

图 2-24　等间距网格示意图

　　按网格间距分类,一类是网格间距固定的等间距网格,但两个坐标方向上的间距可以不等,如图 2-24(a);另一类是网格间距按一定规则分布的不等间距网格,如图 2-25(a),网格间距也可以是无规则的,但与原始数据分布的密度有关,如图 2-25(b)。

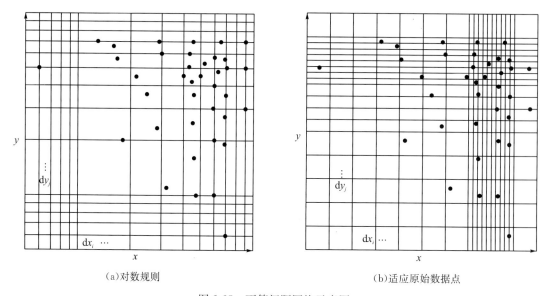

(a)对数规则　　　　　　　　　　　　　　　　(b)适应原始数据点

图 2-25　不等间距网格示意图

1. 等间距网格要素

　　等间距网格是储层展布使用较早和较普及的一种简单网格技术,网格数据结构简单,排列有序,存储量小,因为只需要保存网格节点的储层参数值,而网格节点位置可以用"网格要素"计算。

　　一个网格的分布范围(x_{min}、x_{max}、y_{min}、y_{max}),网格间距(dx、dy),网格节点数

$(n_x$、$n_y)$，网格节点储层参数值范围$(z_{min}$、$z_{max})$等，统称为网格要素。
其中，

$$\mathrm{d}x = \frac{x_{max} - x_{min}}{n_x - 1} \tag{2-51}$$

$$\mathrm{d}y = \frac{y_{max} - y_{min}}{n_y - 1} \tag{2-52}$$

等间距网格节点位置计算方法比较简单，如第 i 列第 j 行节点坐标为

$$x_i = x_{min} + (i - 1) \times \mathrm{d}x \tag{2-53}$$

$$y_j = y_{min} + (j - 1) \times \mathrm{d}y \tag{2-54}$$

其中，$i = 1$，2，$\cdots$，n_x；$j = 1$，2，$\cdots$，n_y。

网格间距与网格节点数反相关，间距越小，节点越多。若无特殊要求，平面 x、y 两个方向上的网格间距一般采用相等。网格间距大小要适中，一般取原始数据点平均距离的 0.2～0.3 倍。若网格间距较大，则网格密度较稀疏，对储层特征的刻画达不到要求，这时需要减小间距，加密网格，较细致地刻画储层。

随着网格间距的减小，网格密度加大，网格对储层的刻画精度提高，计算量和数据存储空间快速增大。但是，加密网格并不能一直提高精细度，当网格间距接近原始数据最小点距，精细度就不再明显提高了。所以，网格间距要适中。针对不均匀分布的原始数据点，网格间距适中是相对而言的。

2. 不等间距网格要素

原始数据分布的很不均匀和网格刻画问题的极度变化，等间距网格不能适应全局和局部的较大差异，由此产生了不等间距网格。

在原始数据分布密集的局部，在刻画面极度变化的局部，需要加密网格线；在原始数据分布稀疏和刻画面变化平缓的局部，需要抽稀网格线。但是，局部加密或抽稀后的网格单元仍然要保持整齐排列的结构性网格特征，如图 2-25 所示。

不等间距的网格要素仍然有分布范围$(x_{min}$、x_{max}、y_{min}、$y_{max})$，网格节点数$(n_x$、$n_y)$，网格节点储层参数值范围$(z_{min}$、$z_{max})$，但 x、y 两个方向上具有一些列网格间距$(\mathrm{d}x_i$、$\mathrm{d}y_j$，$i = 1$，2，$\cdots$，$n_x - 1$，$j = 1$，2，$\cdots$，$n_y - 1)$，第 i 列第 j 行节点坐标计算公式为

$$x_1 = x_{min}, \quad x_i = x_{min} + \sum_{k=1}^{i-1} \mathrm{d}x_k, \quad x_{n_x} = x_{max} \tag{2-55}$$

$$y_1 = y_{min}, \quad y_j = y_{min} + \sum_{k=1}^{j-1} \mathrm{d}y_k, \quad y_{n_y} = y_{max} \tag{2-56}$$

3. 结构性网格的适应性

结构性网格适应于原始数据分布比较均匀，或者比较有规律变化，同时网格区域比较完整的地区。对于边界比较复杂，内部具有特征线，呈条带状倾斜分布的地区，则具有较多的不适应性，如图 2-26 所示。

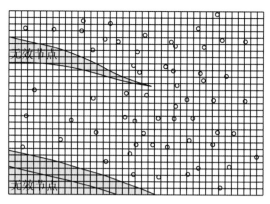

图 2-26   复杂边界等间距网格示意图

图中分布两条断层,一条穿过左下角边界,另一条由左边界穿入,并尖灭于区内。该区采用 30m 等间距 41×29 网格,存在许多缺点。

(1)对数据点分布密度的适应性差:考虑点距较小而加密网格,则点距较大之处网格太多;反之,考虑点距较大而抽稀网格,则点距较小之处网格太少,甚至多个数据点同在一个网格内;绝大多数数据点不在网格节点上。

(2)无效节点较多:边界断层之外,以及内部断层两盘之间,均存在较多无效节点,浪费了存储空间。

(3)对边界拟合较差:由于断层线与网格线不重合,网格以阶梯线拟合断层线质量较差,并且"秃化"了断层尖灭线,给绘图带来许多质量问题。

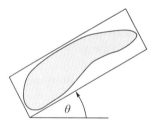

图 2-27   复杂边界示意图

图 2-27 中斜长条分布的研究区,可以通过旋转坐标的方式减少无效节点。但若边界更加复杂的地区,规则的结构性网格不足以描述特征,则将要采用非结构性网格。

2.2.2   平面非结构性网格构建方法

所谓非结构性网格,是指这种网格的节点彼此间没有固定的规律可循,其节点分布完全是任意的。它较之结构性网格有如下优点:

(1)自适应原始数据点分布。

(2)所有网格节点都是有效节点。

(3)适应复杂的边界。

缺点是非结构性网格原始较稀疏,在复杂边界和复杂断层的储层建模方面,如何使用非结构性网格技术，又成为一个新的问题。目前常采用的非结构性网格主要是 Delaunay 三角形技术和角点网格技术。

角点网格是用结构性网格通过映射法得到的非结构性网格，Petrel 软件采用该技术，请参阅该软件相关文献。下面主要介绍 Delaunay 三角网格技术及其加密方法。

Delaunay 三角网格技术是由 Delaunay 三角剖分方法得到，是目前流行的通用的全自动非结构性有限元网格生成方法之一。Delaunay 三角剖分不仅是有限元网格生成中的重要方法，而且在数学、地理、工程等许多领域有着重要应用。Delaunay 三角剖分从 Dirichlet 和 Voronoi 图发展而来的。Voronoi 图由 Dirichlet 于 1850 年提出，他给出了将给定区域剖分成互相联系的凸多边形的方法，定义为：给定一点集 $S = \{P_1, P_2, \cdots, P_N\}$，可以为集合中的每一个点定义一个区域，这个区域满足下面的条件：

$$\|P - P_i\| < \|P - P_j\|, \quad i \neq j \tag{2-57}$$

即此点较近的点集形成的区域，所有区域的集合称为 Dirichlet 图，每个区域(与节点相联系的区域)称为 Voronoi 图，也称为 Voronoi 多边形。

Voronoi 多边形可以被想象成细胞的生长过程：将点集中的每一个点都想象成正在生长的细胞的细胞核，这些细胞从他们的细胞核开始，同时以相同的速率向四周扩张。当一个细胞的边界与别的细胞的边界相遇时，这个边界就停止生长。最终，除了边界上的点形成的区域继续生长外，其余每个点都将给定的区域分割成一系列的凸多边形，这些凸多边形互不重叠，每一个凸多边形对应一个细胞核即节点，一个凸多边形及其所包含的节点，称为 Voronoi 单胞，如图 2-15 所示。如果连接有一个公共边的节点对，则形成点集 S 的凸三角剖分，这个三角剖分就是 Delaunay 三角剖分，即前面所描述的 Delaunay 三角化，如图 2-15 和 2-21 所示。

1. Delaunay 三角网格生成的准则

生成非结构性网格的方法很多，Delaunay 三角网格是其中的一种，该法必须满足以下准则。

(1)空外接圆准则：Delaunay 三角网格是唯一的(任意四点不能共圆)，在 Delaunay 三角网格中任一三角形的外接圆范围内不会有其他点存在，如图 2-28 所示。

(2)最大最小角准则：Delaunay 三角剖分所形成的三角形的最小角最大。从这个意义上讲，Delaunay 三角网格是"最接近于规则化的"的三角网格。具体是指在两个相邻的三角形构成凸四边形的对角线，在相互交换后，六个内角的最小角不再增大，如图 2-29 所示。

(3)最短距离和准则：最短距离和就是指一点到 Delaunay 三角形基边两端的距离和为最小。

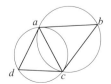

图 2-28　空圆特性示意图

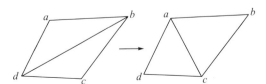

图 2-29　最大化最小角特性示意图

(4)张角最大准则：一点到基边的张角为最大。

(5)面积比准则：三角形内切圆面积与三角形面积或三角形面积与周长平方之比最小。

(6)对角线准则：两三角形组成的凸四边形的两条对角线之比，比值限定值须给定，即当计算值超过限定值才进行优化。

理论上可以证明，张角最大准则、空外接圆准则及最大最小角准则是等价的，其余的则不然。三角形准则是建立三角形网络的原则，应用不同的准则将会得到不同的三角形网络。一般而言，应尽量保持三角网的唯一性，即在同一准则下由不同的位置开始建立三角形网络，其最终的形状应是相同的，在这一点上，张角最大准则、空外接圆准则及最大最小角准则可以做到。对角线准则含有主观因素，使用较少。

2. Delaunay 三角网格生成方法

大体上可将 Delaunay 三角剖分算法分为三大类：翻边算法、逐点插入算法、分割合并算法和三角网生长算法。

1)翻边算法

1977 年 Lawson 基于最小内角最大优化准则，提出了一种二维点集 Delaunay 三角剖分翻边算法。该算法的思想是给定一个二维离散点集，首先对其进行一次初始三角剖分，然后根据最小内角最大化准则，判断初始三角剖分中形成的凸四边形的共边三角形是否满足优化准则；如果不满足，就交换四边形的两条对角线。依次循环直至所有的三角形都满足最小角最大优化准则为止。

根据 Delaunay 三角准则，运用翻边算法剖分出来的所有三角形边都是 Delaunay 三角剖分的边，那么最终得到的三角网格一定是 Delaunay 三角网格，如图 2-30 所示。目前二维翻边算法发展比较完善，利用翻边算法对二维离散点集进行 Delaunay 三角剖分原理比较简单，得到的网格质量也较好。

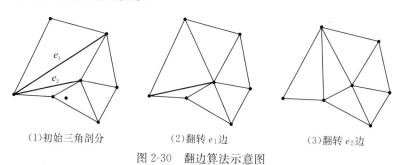

| (1)初始三角剖分 | (2)翻转 e_1 边 | (3)翻转 e_2 边 |

图 2-30　翻边算法示意图

2)逐点插入算法

随着 Delaunay 三角剖分的不断发展，大量剖分算法不断被提出来。1981 年 Bowyer 和 Watson 提出了一种逐点插入算法，该算法的基本思想是：首先构造点集的一个初始三角剖分，然后逐一地在当前三角剖分中插入一个新点；在插入过程中，要根据 Delaunay 三角剖分空外接圆准则进行三角网格优化，直至整个点集为空集为止。

该算法首先构造一个极大三角形，使得要剖分的点集中所有点都落在该三角形里面；

其次，逐一地插入各个新点，每插入一个点，必须搜索位于外接圆内部的点的三角形；然后，将这些三角形从三角形队列中删除，可以形成多边形空腔；最后，将插入点和多边形空腔连接起来，构成若干个以插入点为共同顶点的新三角形，如图 2-31 所示。

 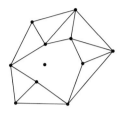 

(1)新插入点　　　　　　　　(2)Delaunay 空腔　　　　　　　(3)更新三角剖分

图 2-31　逐点插入法示意图

定位新插入点的位置是逐点插入算法的一个关键步骤，直接关系到剖分网格的好坏和剖分速度的快慢。由于包含插入点的三角形的外接圆位于插入点的附近区域，只要能够准确定位新插入点在当前三角剖分中的位置，便可快速检索到外接圆包围它的三角形。基于定位插入点位置的重要性，现在大量改进的逐点插入算法主要都体现在定位新插入点的位置上。

由于逐点插入算法比较简单、易懂，可以将其推广到三维或更高维空间的三角剖分。唯一不足的就是该算法时间复杂度较高，很多专家学者在研究算法的时候也会将该因素重点考虑进去，从而设计出简单、高效的三角剖分算法。

3)分割合并算法

Hoey 和 Shamos 提出了一种用于生成 Voronoi 图的分割合并算法，由于 Voronoi 图与 Delaunay 图互为对偶图，进而可以间接得到 Delaunay 三角网格。后来 Dwyer、kata-jaine、L. J. Guibas 等人提出了用于直接生成 Delaunay 三角网格的分割合并算法。

分割合并算法主要根据数学递归思想，递归将点集分割成规模相当的两部分子集，然后对分割出来的点集进行 Delaunay 三角剖分，再递归地将两个相邻 Delaunay 三角剖分进行合并组合，从而生成了整个点集的 Delaunay 三角网格。该算法不仅可以应用于二维空间，还可对三维或更高维空间进行 Delaunay 三角剖分。虽然分割合并算法实现的时间效率很高，但它的编程却非常复杂。

以上三种算法都是比较典型的 Delaunay 三角剖分算法，应用范围比较广泛。除了这几种经典算法外，其实还有很多种其他的 Delaunay 三角剖分算法，具体可以参考文献。在选择三角剖分算法的时候，必须从难易程度、效率高低和贴近实际与否等方面择优选择，其中逐点插入算法是目前最为简单、最为流行的一种三角剖分算法，该算法思想简单、易懂，可推广到维数更高空间的 Delaunay 三角剖分。

3. Delaunay 三角网格的适应性和加密方法

如图 2-32 所示，原始钻井数据点分布不均匀，井距差异较大，在 $35\sim317$m。该区域构造复杂，发育两条断层：一条穿过西南角，为边界断层；另一条由西部穿入并尖灭于中部。图中三角网是利用原始井点和断层及边界点，采用逐点插入算法绘制的 Delaunay

三角网格，在储层建模中具有以下优点：

（1）对数据点分布密度的适应性强：Delaunay 三角网格能够自动适应数据点的分布密度，井距小则 Delaunay 三角网格小而密集，井距大则 Delaunay 三角网格大而稀疏，均能适应数据点的奇异分布，特别适合复杂断块油气藏的储层建模。

（2）全部为有效节点：由于 Delaunay 三角网格节点完全位于边界线之内，以及断层两盘线之外，因此不存在无效节点。

（3）对边界拟合较好：由于边界点和断层线上的点均作为与原始数据点一样的控制点，Delaunay 三角网格能适应边界线和断层线的变化，只要边界点和断层点密集，Delaunay 三角网格边足以拟合边界线和断层线，特别是断层尖灭点。

因此，非结构性的 Delaunay 三角网格是一种自适应网格，在储层建模中具有诸多优点。但也存在明显缺点，即原始数据点较少时，三角网格较稀疏，需要进行网格加密。

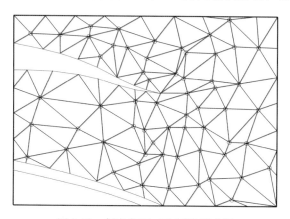

图 2-32 复杂断层三角网格示意图

目前 Delaunay 三角网格的加密方法有 PIBI 和 CVFE 两种方法。PIBI 加密方法是一种局部正交网格加密方法，基于 Delaunay 三角网格的最短距离和准则，PIBI 加密方法的加密节点位于基础三角形的外接圆的圆心。连接相邻三角形的外接圆的圆心，以及所有圆心与对应三角形顶点，同时删除相邻三角形公共边，形成新的三角网格。因此，加密后网格是正交的，仍然是 Delaunay 三角网格，如图 2-33 所示。

CVFE 网格是有限元网格的简称，CVFE 加密方法是一种非正交的局部网格加密方法，加密节点位于基础三角形的形心，即三角形三内角的分角线交点。连接相邻三角形的形心，以及所有形心与对应三角形顶点，同时删除相邻三角形公共边，形成新的三角网格。因此，加密后的网格一般不是正交的，是 Delaunay 三角网格的变异，如图 2-34 所示。

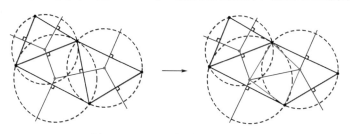

图 2-33 PIBI 法加密节点示意图

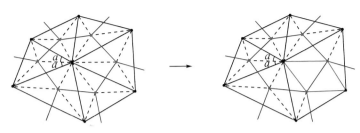

图 2-34　CVFE 法加密节点示意图

上述两种网格加密方法原理比较简单，由于形心计算较外接圆心计算简单，所以 CVFE 网格加密方法又较 PIBI 网格加密方法简单。在边界上无相邻三角时，处理方法可以有两种，一是垂直对应三角边，二是连接对应三角边中点。虽然 CVFE 网格加密方法不是正交的，网格单元也不是 Voronoi 单胞，但可以采取平滑三角网格节点的方法，通过多次平滑，使 CVFE 加密网格尽量接近 Delaunay 三角网格。不过平滑时仅限于新插入的节点，基础三角网格不能平滑，描述边界和断层特征的关键点不能平滑。图 2-32 所示基础三角网格 CVFE 法第一次加密如图 2-35 所示，第二次加密如图 2-36 所示。

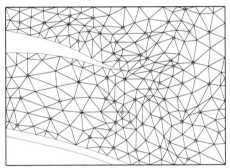

图 2-35　CVFE 法第一次加密三角网格示意图

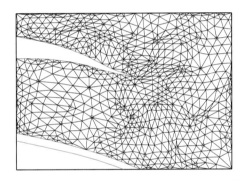

图 2-36　CVFE 法第二次加密三角网格示意图

CVFE 法网格加密后，网格单元近似于 Voronoi 单胞，网格单元自适应原始井点和断层以及边界，是比较稳固的变异胞子结构，如图 2-37 所示。等值线的内插方法原来自于三角网格，方法简单，唯一性较好，等值线完全限制于有效网格单元范围，如图 2-38 所示。

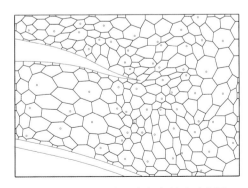

图 2-37　CVFE 法二次加密单胞示意图

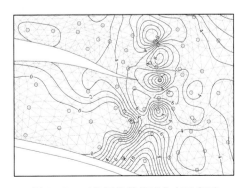

图 2-38　三角网格等值线分布示意图

2.2.3　纵向网格构建方法

1.　切片思想的来源

纵向网格切片的思想最早来源于我国南方的著名特色点心"桃片",如图 2-39 所示。桃片由核桃仁被含糖的糯米粉包裹而制成,食用时切成薄片,清晰地展示出核仁片被糖糯米粉包裹的形态特征。受此启发,将碎屑岩储层中的砂体视为"核桃仁",砂体周围的泥岩类非储层视为"糖糯米粉",泥岩包裹砂体的结构近似为"糖糯米粉包裹核桃仁",如果将砂泥岩储层在纵向上切成"薄片",通过描述每一片的储层分布,从而描述三维空间的储层特征。

图 2-39　桃片

所有桃片的"桃仁片"的累叠,可以再现核桃仁的形态,那么储层所有切片的"砂体片"的组合,也可以再现地下砂体的形态。而且,每一个储层切片只是一个二维描述,那么由多个二维描述就可以实现一个三维描述,达到了降维描述的效果,避免了三维描述中二维平面和纵向深度的几何尺度差异问题。

但是,地质构造在剖面上远比在平面上要复杂得多,如图 2-40 所示。地层的起伏、褶皱、断层、剥蚀等一系列复杂变化的问题,都不是简单水平切片能够适应的。而且,地质描述有一个同时期沉积的特殊要求,即储层每一切片要求沉积时间近似。如果同一切片的沉积时间不一致或差异较大,则切片上已知数据点之间就不一定有相关关系,强行进行井间储层预测,则将造成"穿时"的错误。譬如不该发育河道的层组位置发育河道,而应该发育河道的层组位置却不见河道,造成地质认识的谬误,或者某些重大决策上的严重错误。

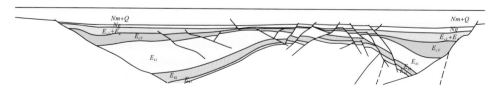

图 2-40　地质构造剖面示意图

因此，储层切片要平行于地质沉积时间切片，即要沿着地质构造层面切片，不能穿越构造层面。在现今高分辨率的层序地层学研究基础上，配合详细的层系划分，近似平行于沉积时间切片是完全可以做到的。

2. 层序地层格架变厚揭片方法

地质上油层组、砂层组、小层、单层的地层厚度是变化的，为了尽量做到平行于地质构造层面，切片厚度需要随着层序地层厚度进行变化，这样的方法我们称为"层序地层格架变厚揭片"方法，如图 2-41 所示。

该方法在高分辨率层序地层学研究和细分层系的基础上，以小层或单层为界，在同一层顶底界面之内，切分出数量等同的数个切片(或揭片)。同一切片不同平面位置的切片厚度随着所在小层或单层的地层厚度的变化而变化，但同一小层或单层的不同切片的平均厚度相等。具体做法如下：

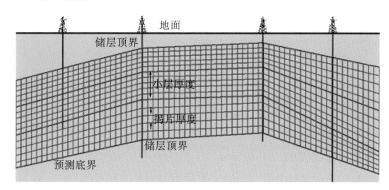

图 2-41　层序地层格架变厚揭片方法示意图

1)顶底界预测

层序地层格架变厚揭片方法，实际上在平面同一井位的同一小层或单层内切片是等厚度的，因此需要顶底界完整，地层厚度完整。对于因为断失、剥蚀或未钻穿等地层厚度不完整的情况，需要由完整的钻井构造数据进行预测。预测由断失厚度或剥蚀厚度研究成果进行约束，采取地层厚度叠加的原理预测顶界或底界位置。

2)切片厚度计算

首先设计一全区参考切片厚度 h_b，该参数一般在 $0.2\sim1.0$m。由参考切片厚度 h_b 通过式(2-58)~(2-60)计算单井单层切片厚度。

$$\bar{h}_t = \frac{1}{N_t}\sum_{j=1}^{N_t} h_{t,j} \tag{2-58}$$

$$n_t = 1 + |\bar{h}_t/h_b| \tag{2-59}$$

$$\Delta h_{t,j} = h_{t,j}/n_t \tag{2-60}$$

式中，$h_{t,j}$ 为第 j 井第 t 小层或单层的完整的地层厚度，m；N_t 为第 t 小层或单层具有完整地层厚度的井数，整数；$\bar{h}_t$ 为第 t 小层或单层平均地层厚度，m；n_t 为第 t 小层或单层设计切片数，整数；$\triangle h_{t,j}$ 为第 j 井第 t 小层或单层的切片厚度，m。

3)切片厚度模型

利用上一步计算的单井单层离散分布的切片厚度$\triangle h_{t,j}$，采用比较平滑的平面网格插值计算方法，譬如径向基函数法和最小曲率法等，预测每一小层或单层的切片厚度网格分布，建立全区切片厚度模型。

4）网格深度模型

通过已知的小层或单层顶界，利用切片厚度模型，采用式（2-61）推算纵向上每一网格节点的海拔深度，建立网格深度模型。

$$h_{i,j,k} = h_{i,j,t} - (k - 1 - \sum_{p=1}^{t-1} n_p) \Delta h_{i,j,t} \qquad (2\text{-}61)$$

式中，$h_{i,j,k}$为平面(i,j)节点第k切片顶界海拔深度，m；$h_{i,j,t}$为平面(i,j)节点第t小层或单层顶界海拔深度，同时也是第$t-1$小层或单层的底界海拔深度，$h_{i,j,1}$为工区顶界面海拔深度，m；第k切片位于第t小层或单层之内，$\sum_{p=1}^{t-1} n_p$为第t小层或单层之上的小层或单层的切片总数；$\triangle h_{i,j,t}$为平面(i,j)节点第t小层或单层的切片厚度，m，取值为上一步所建立的切片厚度模型。

如果小层或单层顶界被断失或剥蚀，则用式（2-62）由底界推算节点的海拔深度。

$$h_{i,j,k} = h_{i,j,t+1} + (\sum_{p=1}^{t} n_p - k + 1) \Delta h_{i,j,t} \qquad (2\text{-}62)$$

式中，$h_{i,j,t+1}$为平面(i,j)节点第t小层或单层底界海拔深度，同时也是第$t+1$小层或单层的顶界海拔深度，m；第k切片位于第t小层或单层之内，$\sum_{p=1}^{t} n_p$为包含第t小层或单层及其之上的小层或单层的切片总数。

如果底界断失、剥蚀或未钻穿，则由顶界向下递推到断点、剥蚀界面或井底；若顶界断失或剥蚀，则由底界向上递推到断点或剥蚀界面；若小层或单层中部断失，而顶底界面均存在，则分别进行顶界递推或底界递推；若顶底界面均断失，而小层或单层中部残留地层，则需要由测井曲线对比来判断残留切片位置。

采用层序地层格架变厚揭片方法建立纵向深度模型，配合非结构性的平面三角网格以及网格加密技术，可以建立复杂空间的三维网格模型。在深入的地质认识和地震、测井、测试等资料的基础上，再结合科学合理的储层预测的先进技术方法，可以精确地建立储层三维地质模型，精细刻画储层空间分布特征。

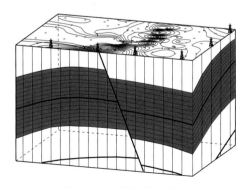

图 2-42　三维网格示意图

第 3 章　沉积相控储层地质建模理论与方法

油气藏在实际钻井井点控制程度不足的情况下进行井间储层参数预测，长期以来都是油气藏描述工作者头痛的问题。不管是在勘探时期，还是在开发时期，只要是局部井距大于储层变化尺度，则都会遇到井控不足，周围信息点不足以反映预测点邻域内储层参数分布结构的问题。解决此问题的直接方法是挖掘和增补信息，即考虑地震和沉积相等地质信息进行井间储层参数预测。

由于地震信息在纵向上识别砂层相对较粗，因此在应用时受到一定限制，特别是对薄层无能为力。以高分辨率层序地层学研究为基础的细分地层对比和单层沉积微相划分与展布成果，则能为井间储层提供大量的平面和纵向地质信息。利用沉积微相对储层参数的控制作用，就可以实现地质条件约束下的井间储层参数趋势预测，建立相控地质趋势模型，为井间储层参数预测提供一个趋势意义上的软信息数据集合体；然后在这些井间软信息数据体的补充下，在沉积微相的全程约束下，运用地质统计学克里金方法，最终实现井间储层参数的预测，建立储层及其属性模型。

3.1　沉积相对储层的控制作用

对于陆相河流三角洲沉积体系的砂岩储层，河流的演变和水动力条件的变化，决定了不同的沉积环境和沉积微相，成岩后体现出不同的储层特征。即同一砂层不同沉积微相的砂岩厚度、孔隙度、渗透率等储层参数的大小和分布特征各不相同，同一沉积微相在不同砂层也不相同。这些储层参数的统计特征反映出沉积特征，反过来说，即沉积特征决定了储层参数的分布特征。

相控建模的基础是高分辨率层序地层学研究和沉积微相研究。首先，在中－短期基准面旋回划分和对比的基础上，通过详细的地层细分对比，建立地层格架模型；然后，在沉积相研究的基础上，结合测井相和地震相的研究，划分和展布各单层沉积微相分布；最后，利用钻井取芯、测井解释和生产测试等一列手段得到的物性数据，统计各单层不同沉积微相上的储层参数分布特征。

实际建模时，如果微相内储层有异常发育区，或者孔渗有异常，可以从成因上设置子相加以区分，譬如平原辫状河道内的主河道。而对钻遇很少的个别微相需要加以归并。

3.1.1　砂岩厚度在沉积微相上的统计特征

图 3-1 所示为某油田 Es3 上亚段部分小层沉积微相分布图。该油区为河流三角洲沉积体系，分为 3 个油组，由 17 个单砂层组成。其中，Ⅰ油组为"分流河道－河口砂坝－

席状砂－间湾砂－滨浅湖砂坝"系列沉积，Ⅱ油组和Ⅲ油组为"平原辫状河－分流河道－河口砂坝－席状砂－间湾砂"系列沉积。该区河流较发育，但多为"指状"；滨浅湖砂坝仅在Ⅰ油组发育；Ⅲ油组底部的平原辫状河发育有部分较厚的主河道砂。

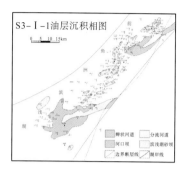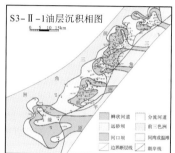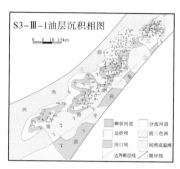

图 3-1　某油田 Es3 上亚段部分小层沉积微相分布图

该油田平面上由 4 个断块组成，统计各断块不同沉积微相的平均单砂层厚度统计如图 3-2 所示。由东北向西南依次为断块 A、B、C、D，埋深依次加大，物性依次变差。其中，因河漫砂很少，归并于间湾砂。从图中可以看出，平均单砂层厚度的邻相差异（相邻沉积相的差异）比较明显，范围为 1.3%～38%，平均达到 22%，说明沉积微相对砂岩厚度的控制作用较强。各断块不论是全区统计，还是分层统计，砂岩厚度分布均呈现比较明显的"分流河道→河口砂坝→席状砂→间湾砂"减小，滨浅湖砂坝和远砂坝的砂厚也要大于间湾砂的趋势变化特征。

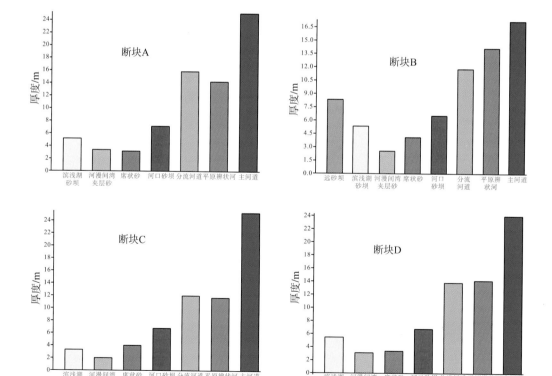

图 3-2　某油田各断块不同沉积微相的平均单层砂岩厚度统计直方图

不难理解，这样的统计特征在砂岩储层普遍存在。虽然不同储层的水动力条件和物源条件都不一样，但沉积规律决定了砂岩厚度受沉积微相明显的控制作用。并且，邻相砂厚差异越大，沉积微相对储层的控制作用也越大。

3.1.2　孔隙度在沉积微相上的统计特征

图 3-3 为某油田不同沉积微相的平均孔隙度统计直方图。由于该区是致密低渗透储层，孔隙度本来就较小，因此平均孔隙度邻相差异也较小，范围为 0.14%～13%，平均仅为 5%。其中断块 D 平均孔隙度邻相差异较为明显，其他断块邻相差异较小。但小层统计结果，平均孔隙度邻相之间差异增大，平均 9%，相与相之间可以区别。因此说明，该区沉积微相也控制了储层的孔隙度分布特征，并且呈现与砂岩厚度有相类似的"分流河道→河口砂坝→席状砂"减小的变化趋势，区别在于变化幅度较小。

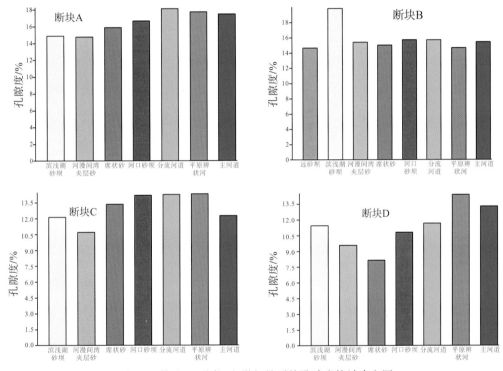

图 3-3　某油田不同沉积微相的平均孔隙度统计直方图

3.1.3　渗透率在沉积微相上的统计特征

图 3-4 为某油田不同沉积微相的平均渗透率统计直方图。可以看出，各沉积微相之间的平均渗透率差别较大，邻相差异范围为 1.3%～82%，平均达到 30%，比砂岩厚度的邻相差异还大，比孔隙度的邻相差异大得多。可见，该区沉积微相较强地控制了渗透率的分布特征。同时，也呈现出与砂岩厚度和孔隙度类似的较为明显的"分流河道→河口砂坝→席状砂"减小的渗透率变化趋势。其中，断块 B 滨浅湖砂坝平均渗透率较高是异常值造成。

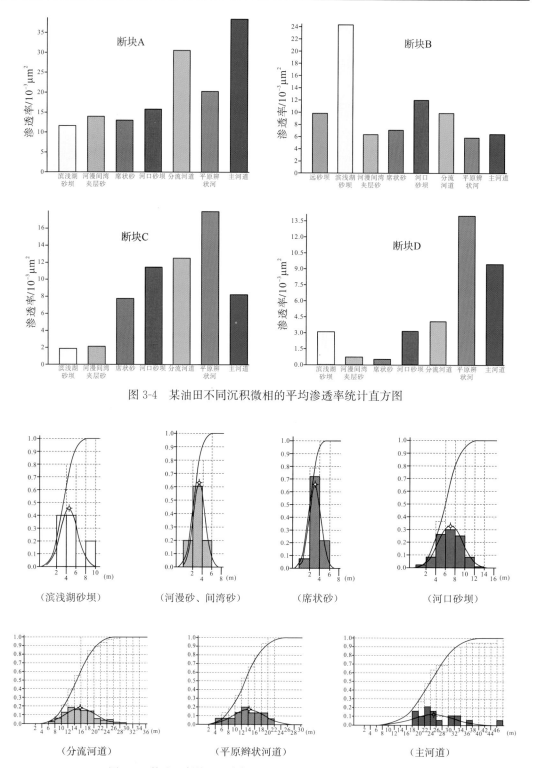

图 3-4　某油田不同沉积微相的平均渗透率统计直方图

图 3-5　某油田断块 A 不同沉积微相砂岩厚度概率统计直方图

　　总之，沉积微相决定了储层砂岩发育程度和孔隙度、渗透性的大小，不同沉积微相具有不同的平均值和对应的概率分布特征，譬如图 3-5 所示。因此，沉积相对储层参数起着明显的控制作用，相控建模的研究思路具有科学的地质依据。

　　不仅储层参数如此，反映储层非均质性的特征参数也具有沉积相控制作用。譬如，利用砂层解释井段的测井数据计算的夹层密度、孔隙度变异系数、渗透率变异系数、渗透率突进系数、渗透率级差等一些反映砂层发育质量和物性非均质性的参数。图 3-6 所示为某油田不同沉积微相的砂层内平均夹层密度统计直方图。

　　可以看出，邻相差异较大。并且，砂岩厚度和孔渗较好的平原辫状河、分流河道、河口砂坝微相的夹层也较少，是开发生产的有利微相；相对较差的席状砂、间湾砂、滨浅湖砂坝的夹层也较多，非均质较强，是开发生产的不利微相，在剩余油研究时应着重考虑。因此，利用沉积微相的控制作用，也可以对非均质参数进行相控建模，实现相控非均质评价。

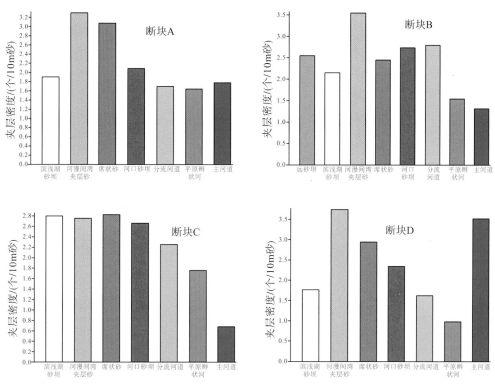

图 3-6　某油田不同沉积微相的砂层内平均夹层密度统计直方图

3.2　沉积相控储层地质建模步骤

　　目前国内外文献所介绍的相控建模方法大同小异，雷同点是利用储层参数在沉积微相上的统计特征，以随机模拟的方法预测储层参数的分布，不同点是所用随机模拟方法不同，所以称为相控随机建模，所得结果是几个概率较大的储层模型，供使用选择。而我们提出的建模方法属于确定性的相控建模方法，所得结果是唯一确定的储层模型，不用再选择。

沉积相控储层建模方法分两个阶段共五个步骤进行，第一阶段建立相控地质趋势模型，第二阶段进行相控克里金展布。即：

第一阶段：

(1)建立沉积微相模型，即沉积微相数值化；

(2)建立沉积微相统计特征模型；

(3)建立储层参数相控地质趋势模型。

第二阶段：

(4)相控变差函数拟合，即储层参数空间分布结构分析；

(5)相控克里金估值，即建立储层模型。

3.2.1　建立沉积微相模型

所谓相控模型，即各种储层参数以不同的形式从不同的侧面对沉积微相的描述。相控模型是一种地质趋势模型，是相控建模的关键之一。相控模型由沉积微相模型、单相统计特征模型、储层参数相控地质趋势模型组成。

沉积微相反映砂体的沉积特征，沉积微相分布图反映了不同成因砂体的几何形态、接触关系和变化规律。为了在建模过程中进行相控，因此需要建立沉积微相的数值代码网格模型。

首先，在中−短期基准面旋回划分和对比的基础上，通过详细的地层细分对比和沉积相研究，结合测井相和地震相的研究成果，划分和展布各单层沉积微相分布。研究砂体在沉积微相上的分布特征，归并和约定沉积微相的数值代码，且数值化沉积微相分布，最后建立所有单层的沉积微相数值代码网格模型。

表 3-1　某油田沉积微相约定代码表

沉积微相砂	数值代码	沉积微相砂	数值代码
远砂坝	8	分流河道	3
滨浅湖砂坝	7	平原辫状河	2
河漫或间湾夹层砂	6	主河道	1
席状砂	5	泥质沉积	0
河口砂坝	4		

譬如，某油田沉积微相约定数值代码如表 3-1 所示，注意代码的顺序要尽量符合沉积微相接触关系，以便于沉积特征分析。通过数值化沉积微相分布边界，建立每一层的沉积微相数值代码网格模型，如图 3-7 所示的断块 A Es3-II$_4$ 小层。

沉积微相数值代码模型是相控建模的基础，为了控制储层参数的预测，因此沉积微相数值代码模型与储层参数模型的网格要素必须严格一致。网格要素为：

X 方向：最小值 X_{min}、最大值 X_{max}、网格间距 dx、网格节点数 Nx

Y 方向：最小值 Y_{min}、最大值 Y_{max}、网格间距 dy、网格节点数 Ny

　　工区左下角为(X_{min}，Y_{min})，右上角为(X_{max}，Y_{max})，要使 $X_{max}-X_{min}$ 能够被间距 dx 整除为 $Nx-1$，使 $Y_{max}-Y_{min}$ 能够被间距 dy 整除为 $Ny-1$。通常情况下，dx 与 dy 一致，特殊情况下可以不相同。但重要的是网格间距的大小要合适，一般为平均井距的1/3～1/5为宜，由已知资料点的分布决定。过大则建模较粗，过小则增加不必要的计算工作量，也未必提高了建模精细程度。某油田开发阶段井网较密，其相控建模中采用了20m网格间距，网格大小为396×358个。

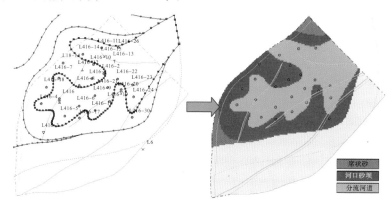

图 3-7　某油田断块 A Es3-II_4 小层沉积微相数值化示意图

3.2.2　建立沉积微相统计特征模型

　　首先，利用测井解释资料计算单井各砂层解释井段的平均孔隙度(％)和平均渗透率(10^{-3} μm^2)，统计夹层数。然后，按建模地层单元(单砂层、小层或亚段)统计单井各层的砂岩厚度(m)、平均孔隙度、平均渗透率、夹层数，并根据沉积微相数值代码模型，确定各井各层沉积微相数值代码，建立储层参数的离散模型。最后，分层统计砂岩厚度、孔隙度、渗透率和夹层密度(个/10m 砂)等参数在各沉积微相的概率分布曲线，计算均值、均差、峰值、相控值和其概率熵等一系列统计特征。譬如某油田断块 A Es3-II_4 小层分流河道微相的砂岩厚度分布特征统计图 3-8 左图。

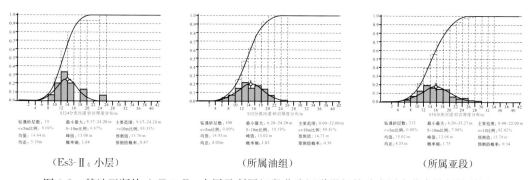

（Es3-II_4 小层）　　　　　　　　　　（所属油组）　　　　　　　　　　（所属亚段）

图 3-8　某油田断块 A Es3-II_4 小层及所属组段分流河道微相的砂岩厚度分布特征统计图

　　由于分层分相的井点数目不一定都能满足概率统计要求，因此需要模拟和预测概率分布，在概率最大的范围内获取该层该相控制参数值。对于井点太少或无井点的沉积相，以对应上一级的层系统计结果替代，如图 3-8 中图和右图所示。一般情况下，峰值与均值接近的取均值，峰值距均值较远的取均值和峰值的平均值，同时获取相控参数值的概率大小。该小层及所属油组和亚段各沉积微相的平均砂岩厚度对比直方图3-9。

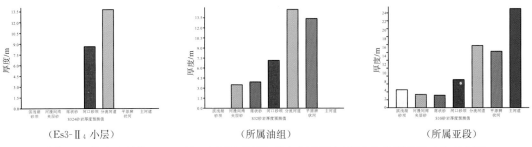

（Es3-Ⅱ₄小层）　　　　　　　　（所属油组）　　　　　　　　（所属亚段）

图 3-9　某油田断块 A Es3-Ⅱ₄ 小层及所属组段各沉积微相的平均砂岩厚度对比直方图

3.2.3　建立储层参数相控地质趋势模型

首先，建立相控均值模型，即给沉积微相数值代码网格节点赋予对应的相控参数值和概率值，建立单层相控参数值和概率值的"平台模型"。由于同相为固定参数值，相间参数突变，无参数连续变化，所以称其为平台模型，是相控模型的"雏形"，譬如断块 A Es3-Ⅱ₄小层的砂岩厚度相控平台模型，如图 3-10 左图所示。其中，在泥质沉积区，砂岩厚度取零值，孔、渗取泥岩平均值，也可以取孔隙度 0.1% 和渗透率 0.001×10^{-3} μm²。

然后，模拟沉积微相内和相间储层参数的趋势变化特征。在平台模型中以实际井点参数值为约束条件，利用趋势残差叠加和随机理论模拟相内数值变化趋势和取值概率，其结果譬如断块 A Es3-Ⅱ₄小层的砂岩厚度相控地质趋势模型，如图 3-10 右图所示，具体技术见第 4.2 节。

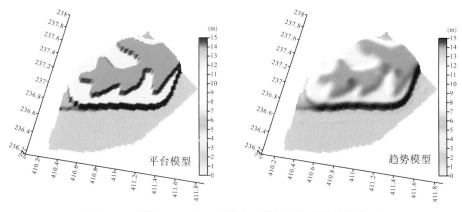

图 3-10　断块 A Es3-Ⅱ₄ 小层砂岩厚度相控地质趋势模型

最后，利用概率模型计算相控预测可信度，通过等效校正，最终建立储层参数相控地质趋势模型。所谓等效校正，即以实际井参数按其可信度加权的平均值，校正相控地质趋势模型参数值，使其按可信度加权的平均值与实际井参数的算术平均值相等。

由于断块 A 面积小，钻井少，图 3-10 所示的砂岩厚度相控地质趋势模型较平滑，局部变化不明显。但若面积较大和钻井较多的储层，则建立的相控地质趋势模型既反映出储层参数的趋势变化，又体现出较明显的局部变化。譬如图 3-11 所示的某油藏 I_4 小层相控地质趋势模型。该小层的相控地质趋势模型既体现了沉积相控地质趋势，又反映出局部变化。其中，孔隙度趋势变化最小，渗透率趋势变化最大，砂岩厚度趋势变化程度中等，符合 3.1 的分析结论。

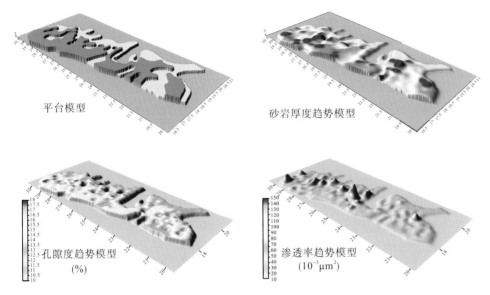

平台模型　　　　　　　　　　　　　　砂岩厚度趋势模型

孔隙度趋势模型　　　　　　　　　　渗透率趋势模型
（%）　　　　　　　　　　　　　　　　（$10^{-3}\mu m^2$）

图 3-11　某油藏 I_4 小层相控地质趋势模型

通过上述第一阶段 3 个步骤，可以建立各层砂岩厚度、孔隙度、渗透率、夹层密度的相控模型。由于采用了各沉积微相的统计值，并进行了残差的概率模拟，因此相控模型实际上是储层参数的地质概率趋势分布，它不同于一般常规的数学趋势分布，不仅能反映储层参数的全局趋势，而且能反映局部趋势，可以为井间储层参数的模拟和预测提供大量的灰色信息或称软数据。

相控确定性建模与相控随机建模的不同之处就在于该步骤。相控随机建模在沉积相的控制之下，用随机函数直接产生了多个概率较大的储层模型，并未作出选择。而相控确定性建模在沉积相控制之下，第一阶段建立的是一个概率较大的地质趋势模型，只是最后储层建模的参考信息库，或者说是相控约束的知识库，最后还需进行第二阶段的相控克里金展布。

3.2.4　克里金估值方法的原理

克里金估值方法预测储层参数分布的特点在于它不仅考虑了未知点与已知点，以及已知点与已知点之间的空间位置关系，还考虑了储层参数空间分布的结构特征，分析了储层参数之间的空间相关性。因此，克里金估值方法成为目前储层参数展布中使用较多也较成熟的数学地质技术方法。所以，我们选择将克里金估值方法与相控模型进行结合，用大量的相控地质趋势信息和实际钻井信息进行相控克里金展布。

克里金估值方法是南美的金矿工程师 Kriging 于 1951 年创立的，1965 年、1971 年得到法国地质统计学家 Matheron 的完善和发展，从而使克里金估值方法得以广泛地应用于地质统计学和水文科学等领域。

3.2.4.1　基本概念

设有随机函数 $Z(x)$，x 是 n 维空间中的点，则：

(1)若 $Z(x)$ 的数学期望与 Z 无关，即满足：

$$E[Z(x)] = m \tag{3-1}$$

其中 m 为一常数，则 $Z(x)$ 为一阶平稳随机场。特别地，当 x 为一维的时间变量 t 时，$Z(t)$ 即称作一阶平稳的随机过程。

(2)若 $Z(x)$ 一阶平稳，且 $Z(x + h)$ 与 $Z(x)$ 的协方差总是存在，并与具体点 x 无关，则称 $Z(x)$ 为二阶平稳随机场，也常叫做弱平稳随机场。其中 h 是 n 维空间中的一个向量。

(3)若 $Z(x)$ 一阶平稳，但 $Z(x)$ 与 $Z(x + h)$ 的协方差未必存在，只需增量[$Z(x + h)$ − $Z(x)$]具有与具体点 x 无关的有限方差，则称 $Z(x)$ 为本征随机场，亦称 $Z(x)$ 满足内蕴条件。可见，(弱)平稳随机场也是本征随机场，但本征随机场未必是(弱)平稳随机场。二阶平稳随机场可以定义协方差函数和变差函数，本征随机场不存在协方差函数，但可以定义变差函数。

(4)准二阶平稳或准本征随机场。在实际应用中，若区域化变量 $Z(x)$ 在整个区域内并不满足二阶平稳或本征性假设，而只在某有限邻域内满足，则称 $Z(x)$ 为准二阶平稳的或准本征的随机场。

3.2.4.2　变差函数的定义

对于二阶平稳随机场 $Z(x)$，可定义空间协方差函数：

$$C(h) = E\{[Z(x + h) - m][Z(x) - m]\} \tag{3-2}$$

其中 x 为 n 维空间中的点，h 为 n 维空间的一向量。

对于本征随机场 $Z(x)$，可定义空间协方差函数：

$$\gamma(h) = \frac{1}{2} E\{[Z(x + h) - Z(x)]^2\} \tag{3-3}$$

特别地，设 $Z(x, y)$ 是定义在二维实域 Ω：$(x, y) \in \Omega \subset R^2$ 上的二阶平稳随机场或满足本征性假设，如果 $Z(x, y)$ 在 Ω 上是各向同性的，则：

$$C(h) = C(|h|), \gamma(h) = \gamma(|h|) \tag{3-4}$$

3.2.4.3　理论变差函数模型

1. 有基台值的模型

1)球状模型(即 Matheron 模型)

$$\gamma(h) \begin{cases} 0, & h = 0 \\ C_o + C\left(\frac{3}{2}\frac{h}{a} - \frac{1}{2}\frac{h^3}{a^3}\right), & 0 < h < a \\ C_o + C, & h > a \end{cases} \tag{3-5}$$

其中 C_o 为块金常数，C_o+C 为基台值，C 为拱高，a 为变程。

2）指数函数模型

$$\gamma(\boldsymbol{h}) = C_o + C(1 - e^{-\boldsymbol{h}/a}) \tag{3-6}$$

其中 C_o、C 及 C_o+C 如前定义，但 a 非变程，指数函数模型的变程约为 $3a$。

3）高斯模型

$$\gamma(\boldsymbol{h}) = C_o + C(1 - e^{-\boldsymbol{h}^2/a^2}) \tag{3-7}$$

其中 C_o、C 及 C_o+C 如前定义，a 非变程，高斯模型的变程约为 $\sqrt{3}a$。

三种有基台值模型的变差函数曲线如图 3-12 所示。

2. 无基台值的模型

与此类模型相应的随机场不满足二阶平稳条件，故不存在协方差函数，只有变差函数存在。

1）幂函数模型（图 3-13）

$$\gamma(\boldsymbol{h}) = h^\theta, 0 < \theta < 2 \tag{3-8}$$

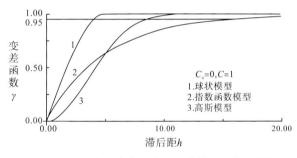
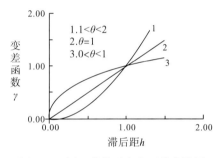

图 3-12　三种有基台值的变差函数模型比较示意图　　　图 3-13　幂函数模型变差函数曲线图

2）对数函数模型

$$\gamma(h) = \lg(h) \tag{3-9}$$

该模型不适于点克里金技术中。

3. 纯块金效应模型

$$\gamma(h) = \begin{cases} 0, & h = 0 \\ C_o, & h > 0 \end{cases} \tag{3-10}$$

它可以看作是有基台值且在原点处为间断型的模型，其变程可视为无穷小，拱高为 0。

4. 空穴效应模型

变差函数并非单调递增，而呈现出一定周期的波动性，则相应有空穴效应模型：

$$\gamma(h) = C_o + C[1 - e^{-h/a}\cos(2\pi h/b)] \tag{3-11}$$

其中，C_o 为块金常数，C 为拱高，b 为反映高品位带的平均距离，a 仍可叫做变程。

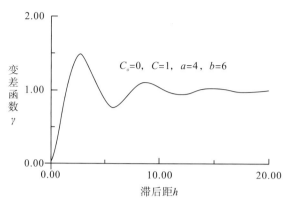

图 3-14　空穴效应模型变差函数曲线示意图

3.2.4.4　实验变差函数的求取

对于实际储层，给定某方向 α，按一定的距离 h（此处 h 为一标量，表示长度，称滞后距），求取相应的实验变差函数 $\gamma^*(h)$，可按如下公式进行：

$$\gamma^*(h) = \frac{1}{2N(h)} \sum_{i=1}^{N(h)} [Z(x_i + h) - Z(x_i)]^2 \qquad (3-12)$$

其中 x_i、$x_i + h$ 为所研究区域的几何点，它们构成 α 方向上的一个点对，$N(h)$ 是间隔为 h 的 x_i 和 $x_i + h$ 的点对数目。一般在给定 α 方向上的点对数目太少，为满足统计要求，分别给出一个距离容差 dh 和一个角度容差 $d\alpha$，即认为在距离范围 $[h \pm dh]$ 及角度范围 $[\alpha + d\alpha]$ 内的数据点对均认为是沿 α 方向、滞后距为 h 的数据点对，通常要求 $N(h) >$ 30~50。在给定的方向 α 上，按不同滞后距 h_i（为基本滞后距的倍数）求得相应的 $N(h_i)$ 和 $\gamma^*(h_i)$，则可确定 $h \sim \gamma^*(h_i)$ 的一组实现，所得关系曲线即为实验变差函数曲线。

为了获取稳健的实验变差函数曲线以明确反映原始数据的结构关系和便于拟合，还需考虑如下因素：

1. 基本滞后距 Δh

若基本滞后距 Δh 过大，虽给了一定的距离容差 dh 和角度容差 $d\alpha$，但所有 $[h \pm dh]$ 及 $[\alpha + d\alpha]$ 范围内所包含的点数仍可能很有限，则参与各方向实验变差函数计算的点数很可能只占原始数据的一部分，从而损失掉部分原始信息。如果增大 dh 及 $d\alpha$，可以得到弥补，但会加剧"平均值"效应。所以，基本滞后距以较小为好。

2. 距离容差 dh 和角度容差 $d\alpha$

距离容差 dh 和角度容差 $d\alpha$ 可以使更多的点参与计算，使点对数满足统计要求。事实上，在给定方向 α 和基本滞后距 h 及相应容差 $d\alpha$、dh 时，计算所得的实验变差函数值 $\gamma^*(h)$ 为所界定范围内的一个"平均值"。$d\alpha$、dh 越大，参与计算的点数越多，"平均值"效应越趋显著。因此，$d\alpha$、dh 应分别取恰当值。若过大，则"平均值"效应明显，难于进行结构分析，而且不便于非均质的描述；若过小，则参与计算的点数减少，一方面使得点对数可能不满足统计要求，另一方面则可能使得某些原始数据点不能参与计算，损失掉部分原始信息。

3. 特异值的影响

特高值点或特低值点将使得实验变差函数值异常突出，波动大。如有一个特异值出现，则可使得实验变差函数曲线很不规则，可剔除这一特异值点，但这将损失原始数据信息。如有多个特异值，为避免损失过多的原始信息，考虑给定一个邻差限，即当某点对差值的绝对值超过该邻差限时，则该点对不计入 $N(h)$ 中。用此方法可以抑制特异值的影响，但该方法仍是以损失部分结构信息为代价的，所以邻差限不宜过低，否则会损失太多的原始信息。基本滞后距 h、距离容差 dh 和角度容差 $d\alpha$ 及邻差限目前仍根据经验选取。

4. 比例效应

当随机场在整个研究区域内不满足二阶平稳或本征性假设，而仅在各局部区域满足，即在准二阶平稳或准本征假设条件下，各局部邻域的实验变差函数不同。当各邻域的实验变差函数与相应邻域内的均值存在某种比例关系时，则说存在比例效应。

比例效应存在时，会使实验变差函数产生畸变，抬高基台值和块金值，并使得变差值的波动大，增大估计误差，从而不能获得稳健的实验变差函数。

为了消除比例效应，作原始数据的相对变差函数。

设 x_o 和 $x_o{'}$ 的两个准平稳邻域内的变差函数分别为 $\gamma^*(h, x_o)$ 和 $\gamma^*(h, x_o{'})$，相应邻域内原始数据的平均值分别为 $m^*(x_o)$ 和 $m^*(x_o{'})$，则对任意 x_o 和 $x_o{'}$，存在正比例效应的相对变差函数为：

$$\gamma_o(h) = \frac{\gamma(h, x_o)}{[m^*(x_o)]^2} = \frac{\gamma(h, x_o{'})}{[m^*(x_o{'})]^2} \tag{3-13}$$

类似地，对任意 x_o，存在反比例效应的相对变差函数为：

$$\gamma_o(h) = \frac{\gamma(h, x_o)}{[A - m^*(x_o)]^2}, \ A > \max[m^*(x_o)] \tag{3-14}$$

3.2.4.5　实验变差函数与理论变差函数的拟合

1. 同一方向上的拟合

在给定方向上，已经求取了稳健的实验变差函数，获得了 N 组数据：

$$[h_i, N(h_i), \gamma^*(h_i)], \ i = 1, 2, \cdots, N. \tag{3-15}$$

首先绘出实验变差函数曲线图 $h \sim \gamma^*(h)$，然后与几种理论变差函数模型的图形相比较，确定所选用的理论变差函数模型或组合模型，如图 3-15(a)所示进行拟合。有时，不同曲线段有明显差异可以考虑用相同模型或不同模型的多级叠合形式，如图 3-15(b)所示进行拟合，具体方法技术见 4.3.1。

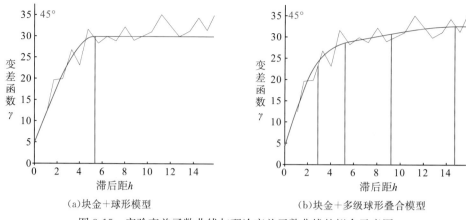

（a）块金＋球形模型　　　　　　　　　　（b）块金＋多级球形叠合模型

图 3-15　实验变差函数曲线与理论变差函数曲线的拟合示意图

2. 不同方向上的套合

所谓套合，即理论变差函数模型的特征参数在不同方向上变化，最佳拟合上各方向上的实验变差函数曲线，如图 3-18 所示。一般采取变程 a 变化，而且令变程 a 为方向角度 α 的椭圆函数，椭圆半径即各方向的变程大小，如图 3-16 所示。椭圆长轴方向一般对应于河流的走向或等值线分布的趋势走向，长短半轴之比即各向异性比。

储层的各向异性结构，包括几何各向异性及带状各向异性，由于储层的沉积及构造因素作用，可能变得相当复杂，难以实现不同方向的套合拟合。可采用一种简捷的办法，按角度加权求平均值以获得不同方向上的内插变差函数。

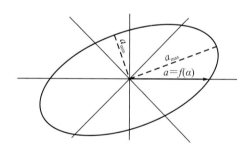

图 3-16　变程的椭圆函数曲线示意图

设已计算的两相邻方向 α_1 及 α_2 上的最佳拟合变差函数为 $\gamma_{\alpha 1}(h)$ 和 $\gamma_{\alpha 2}(h)$，则位于 α_1 及 α_2 两个方向之间的 α_0 方向上，滞后距为 h 时的变差函数值可按下式给出：

$$\gamma_{\alpha 0}(h) = \frac{|\alpha_1 - \alpha_0|}{|\alpha_1 - \alpha_2|}\gamma_{\alpha 1}(h) + \frac{|\alpha_2 - \alpha_0|}{|\alpha_1 - \alpha_2|}\gamma_{\alpha 2}(h) \qquad (3\text{-}16)$$

因为各方向的实验变差函数在一定的距离容差和角度容差条件下已经是一种"平均值"的效果，则在此按角度加权有其合理性。

3.2.4.6　用克里金方法预测储层参数

克里金方法可有多种，诸如普通克里金法（点克里金法）、泛克里金法（带漂移）、协同克里金法（具双变量）、贝叶斯克里金法（具双精度）、指示克里金法（适应异常值）、协同一指示克里金法(双变量和异常值)、分形克里金法(无变差函数),在此采用点克里金方法进行储层参数估值。

设 $E(M_i)$ 为已知点 $M_i(i=1,2,\cdots,n)$ 处的值,$E(M_o)$ 为待估点 M_o 处的值,则

$$E(M_o) = \sum_{i=1}^{n} \lambda_i E(M_i) \tag{3-17}$$

其中 $\lambda_1,\lambda_2,\cdots,\lambda_n$ 为克里金系数,可由下述克里金方程组确定。

$$\begin{bmatrix} \gamma_{11} & \gamma_{12} & \cdots & \gamma_{10} & 1 \\ \gamma_{21} & \gamma_{22} & \cdots & \gamma_{2n} & 1 \\ \cdots & \cdots & \cdots & \cdots & \cdots \\ \gamma_{n1} & \gamma_{n2} & \cdots & \gamma_{nn} & 1 \\ 1 & 1 & \cdots & 1 & 0 \end{bmatrix} \cdot \begin{bmatrix} \lambda_1 \\ \lambda_2 \\ \cdots \\ \lambda_n \\ -u \end{bmatrix} = \begin{bmatrix} \gamma_{01} \\ \gamma_{02} \\ \cdots \\ \gamma_{0n} \\ 1 \end{bmatrix} \tag{3-18}$$

这里 $\gamma_{ij}=\gamma(d(M_i,M_j))$,$d(M_i,M_j)$ 为 M_i 到 M_j 的欧氏距离,$\gamma(h)$ 为拟合的变差函数 $(i=0,1,2,\cdots,n;j=1,2,\cdots,n)$,$u$ 为拉格朗日乘数。

由点克里金法作参数预测的最小估计方差为

$$\sigma_k^2 = \sum_{i=1}^{n} \lambda_i \gamma_{oi} + u \tag{3-19}$$

3.2.4.7　克里金估值方法的"平滑效应"

在一定距离容差和角度容差条件下所获得的实验变差函数值实际上只是获得了某邻域的一个"平均值",这在一定程度上造成了克里金估值方法的"平滑效应"。

由于严重非均质性的影响,实验变差函数曲线总是参差不齐,同时由于模型函数的光滑性质,必然造成克里金估值方法的"平滑效应"。

由于储层的各向异性,不同方向的套合难于操作,套合的结果也必定带来相当的误差,从而加剧克里金估值方法的"平滑效应"。

3.2.5　相控变差函数拟合

如 3.2.4 所述,实验变差函数拟合即是对储层参数空间分布结构的分析与评价。

3.2.5.1　软实验变差函数计算

克里金估值方法的"平滑效应"不可避免地给估值带来误差,但"畸形"的实验变差函数却会带来比"平滑效应"更大的估值误差。

在储层建模时经常会遇到实际钻井较少,已知数据的数量和分布质量不足以控制整个储层的地质特征,致使实验变差函数计算结果失去真实性,甚至造成"畸形"。特别是在已知信息少或无信息的边部地区,实验变差函数计算"失真"是不可避免的。譬如某油田断块 A Es3-II$_8$ 小层,利用实际 23 口钻井的砂岩厚度计算的实验变差函数曲线如图 3-17 所示。可见该图的实验变差函数曲线参差不齐,统计失真,形态畸形,不能反映储层参数的空间分布结构,也难以拟合,多方向套合就更难。

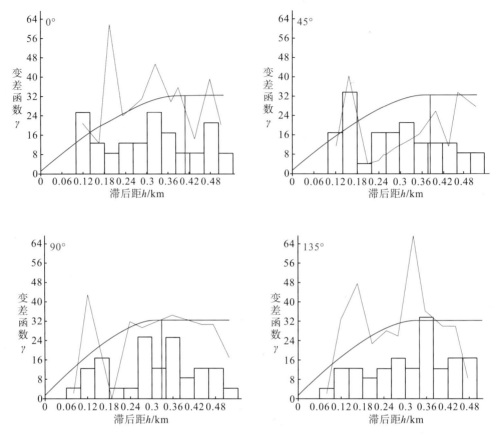

(折线：实验变差函数曲线；曲线：理论变差函数曲线；柱子：点对数目的相对分布)

图 3-17   某油田断块 A Es3-Ⅱ₈ 小层实际钻井计算砂岩厚度实验变差函数曲线图

以虚拟井点的形式从相控模型中提取大量灰色信息，可以补充钻井信息控制不足的地区，与实际钻井信息点共同进行变差函数分析。如何提取？提取多大量？其方法技术请见 5.1 节。

由于提取的数据来源于相控模型，相控模型的数据是反映地质趋势特征的灰色数据。因此，计算实验变差函数时必然要考虑数据点对的灰色程度或可信度，所以计算的实验变差函数我们称为"软"实验变差函数。相控模型数据的加入，提高了实验变差函数的真实性，降低了实验变差函数"畸形"的风险。

软实验变差函数计算公式：

$$\gamma^*(h) = \frac{1}{2\sum\limits_{i=1}W_i} \sum\limits_{i=1}^{N(h)} \{W_i[Z(X_i+h)-Z(X_i)]^2\} \qquad (3-20)$$

其中，W_i 为数据点对的权重值，等于数据点对的可信度算术平均值。

图 3-17 中的实验变差函数曲线，经补充虚拟井数据后计算的软实验变差函数曲线图如 3-18 所示。由于点对数据的增加，实验变差函数曲线参差不齐的程度大大降低，已能够反映出储层参数的空间分布结构。并且也不畸形，可以套合上多个方向的实验变差函数曲线。

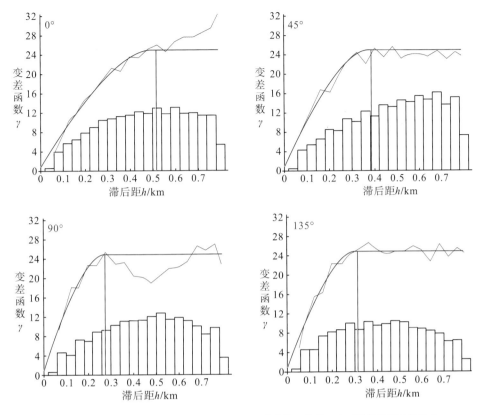

（折线：实验变差函数曲线；曲线：理论变差函数曲线；柱子：点对数目的相对分布。）

图 3-18　某油田断块 A Es3-Ⅱ₈ 小层的砂岩厚度软实验变差函数曲线图

3.2.5.2　相控变差函数曲线套合

由于储层的各向异性，不同方向的实验变差函数曲线形态可能差异较大，使用相同的模型同时套合上多个方向的实验变差函数曲线是比较难于操作的。在对储层各向异性特征不了解的情况下，勉强套合的结果必定带来相当的误差，从而加剧克里金估值方法的误差。而且，变差函数曲线拟合和套合的专业性和经验性，也不利于快速储层预测。

沉积微相分布形态往往决定了河流沉积砂体的分布走向，同时水动力方向也使孔渗分布具有方向选择性。通过长期的建模工作经验，我们发现砂岩厚度和孔渗分布的最大变程（a_{max}）方向与河流方向有着较为密切的关系。在河流方向较为一致和弯曲程度不太大的情况下，储层参数分布的最大变程方向与河流走向有着惊人的一致性。

通过模拟沉积微相分布的几何边界线方向，可以计算全区平均边界线方向，即为沉积主要方向，且计算沉积主要方向和正交方向上的"连续同相点"的平均距离之比为沉积几何异性比。在此基础上可以绘出沉积微相几何异性示意椭圆，如图 3-19 所示的黑色椭圆。图中黑色椭圆长轴方向为沉积主要方向，黑色椭圆的长短轴之比为沉积几何异性比。

套合时，以沉积几何异性示意椭圆为基础，进行适当的修正，即可快速地套合上各方向的实验变差函数曲线，如图 3-18 所示的红色曲线即套合上的理论变差函数曲线，套合后的各向异性椭圆或变程椭圆如图 3-19 中所示的红色椭圆。

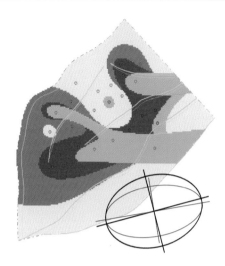

（黑色椭圆：沉积几何异性示意椭圆；红色椭圆：砂岩厚度最佳套合椭圆。）

图 3-19　某油田断块 A Es3-Ⅱ$_8$ 小层的砂岩厚度分布各向异性示意图

3.2.5.3　空间分布结构分析与评价

变差函数套合结果反映了储层参数空间分布结构。如图 3-20 所示，若变差函数拟合模型选择的是具有基台的理论模型，譬如球形模型与块金模型的组合，则利用模拟的块金、拱高、基台、变程等特征参数，可以进行储层参数空间分布结构分析与非均质性评价。

（1）块金 C_o：反映无规则的随机性变化大小。

（2）拱高 C：反映有规律的区域性变化大小。

（3）基台 C_o+C：为块金与拱高之和，反映总体非均质变化大小。

（4）最大变程 a_{max}：反映有规律的区域性变化的最大范围。

（5）最小变程 a_{min}：反映有规律的区域性变化的最小范围。

（6）最大最小变程比 a_{max}/a_{min}：即各向异性比，反映几何各向异性程度大小。

（7）最大变程方向 θ：反映有规律的区域性变化最大范围的方向。

（8）最大变化率 C/a_{min}：反映有规律的区域性变化最大变化率，同最小变程方向。

（9）最小变化率 C/a_{max}：反映有规律的区域性变化最小变化率，同最大变程方向。

（10）块金与基台之比 $C_o/(C_o+C)$：反映无规则的随机性变化的相对程度。

（11）拱高与基台之比 $C/(C_o+C)$：反映有规律的区域性变化的相对程度。

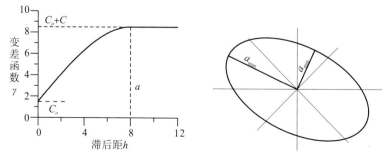

图 3-20　理论变差函数曲线和套合椭圆示意图

3.2.6　相控克里金估值

相控建模的最后一步是实际钻井与虚拟井数据的相控克里金估值，分层建立各储层参数的网格数据模型。估值方法与 3.2.4.6 相同，但所使用的理论变差函数模型的最大变程方向要按沉积微相分布特征进行局部修正，并且估值计算结果还需要进行逻辑检验和等效校正。

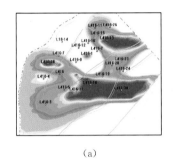 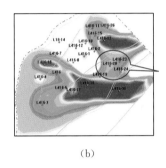 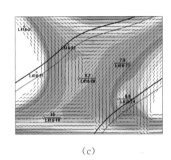

　　　　　（a）　　　　　　　　　　　　（b）　　　　　　　　　　　（c）

图 3-21　某油田断块 A Es3-Ⅱ₈ 小层砂岩厚度相控克里金展布图

如图 3-21 所示，某油田断块 A Es3-Ⅱ₈ 小层河流走向基本为东西向，变差函数拟合最大变程（最大变差）方向为 10°，但两条河流之间有侧向连接（L416-20 井附近）。利用实际井和虚拟井的砂岩厚度数据进行克里金展布结果为 3-21(a)图，由于局部砂体分布特征与全局最大变程方向有冲突，分布图明显有"花齿"现象，特别在侧向连接处。

利用沉积微相边界和相控模型的趋势分布数据，模拟砂体局部的几何走向，如 3-21(c)图中的短线示意方向，修正局部走向后进行克里金展布，其结果如 3-21(b)图所示。明显改善了预测质量。

泥质沉积区逻辑检验指标：$0 \leqslant$ 砂岩厚度 $< 0.2\text{m}$、$0.1\% \leqslant$ 孔隙度 $< \varphi_{min}$、0.001×10^{-3} $\mu\text{m}^2 \leqslant$ 渗透率 $< K_{min}$、夹层密度 $= 0$。

砂岩沉积区逻辑检验指标：$0.2\text{m} \leqslant$ 砂岩厚度 $\leqslant h_{max}$、$\varphi_{min} \leqslant$ 孔隙度 $\leqslant \varphi_{max}$、$K_{min} \leqslant$ 渗透率 $\leqslant K_{max}$、$0 \leqslant$ 夹层密度 $\leqslant J_{max}$。

其中，测井解释的最小单砂层厚度一般取 0.2m，h_{max} 为测井解释的最大单砂层厚度，φ_{min} 和 φ_{max} 为单砂层孔隙度解释的最小最大平均值，K_{min} 和 K_{max} 为单砂层渗透率解释的最小最大平均值，J_{max} 为单砂层解释的最大夹层密度。

储层参数等效校正指标：单相均值误差和单层均值误差 $\leqslant$ 误差限 ε_h、ε_φ、ε_k、ε_J。其中，单相均值误差为某一沉积微相在全区的网格均值与单井均值之差，单层均值误差为某一小层的网格均值与单井均值之差，ε_h、ε_φ、ε_k、ε_J 分别为砂岩厚度、孔隙度、渗透率和夹层密度的误差限。

3.3　沉积相控储层地质建模的影响因素

相控模型的趋势性描述较强，外延性好，且具有地质意义，但局部描述性较弱，分布平滑，不符合已知井点储层参数值。如图 3-22(b) 图所示等值线分布，与背景的沉积微相分布特征一致性较强，但局部与已知井的砂岩厚度不符。

克里金估值技术的优缺点正好相反，局部描述性较强，符合已知井点储层参数，但趋势性描述较弱，外延性不好。如图 3-22(a) 图所示等值线分布，与背景的沉积微相分布特征不一致，在河湾无井控制的地区"平滑效应"严重，砂层连片分布，几乎看不出河流形态和走向。

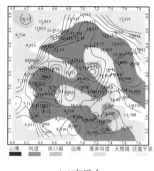 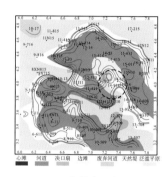

（a）克里金　　　　　　　　　（b）相控地质趋势模型　　　　　　　　（c）相控克里金

图 3-22　某井区 Ng3³ 小层砂岩厚度相控建模质量评价图

采用相控模型与克里金估值技术的结合，上述优缺点可以得到互补。相控模型具有高密度分布的大量地质信息（网格数据），正好补充克里金技术的信息量，降低"平滑效应"的影响，提高外延准确性。同时，大量地质信息的补充，使克里金估值技术对局部拟合好的优点得到充分发挥，提高储层参数预测精度。如图 3-22(c) 图所示，相控克里金展布结果明显比 a 图克里金展布和 b 图相控模型趋势都更接近实际储层分布。

但是，沉积相控储层建模方法也存在较多影响因素。譬如，在图 3-22(c) 中所标识的位置仍然存在的"平滑效应"，原因是河流间湾内无钻井，也未设置虚拟井，因此河流间湾两岸砂体"粘连"。经过虚拟井调整，在该处河流间湾中增设了两口虚拟井后所预测的砂岩厚度分布如图 3-23 所示，图中砂体粘连现象已经消失。由此说明，虚拟井选取位置的合理性是影响相控建模的主要因素之一。

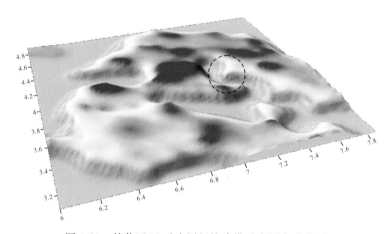

图 3-23　某井区 Ng3³ 小层相控建模砂岩厚度分布图

　　另外，影响相控建模精度的另一个主要因素是相控地质趋势模型的质量，而影响相控地质趋势模型质量的因素较多。一是已知井数量，若钻井数量太少，不能满足单相统计；二是沉积微相分布，若沉积微相分布太简单，沉积微相对储层的控制作用未能体现出来，不能发挥相控建模的优势；三是物源方向，若储层出现多物源方向，则各向异性不一致，必然套和难度加大，或者各向异性互相抵消；四是储层参数变化程度，若如渗透率一样变化幅度太大，则相控建模受特异值影响较大。

　　对于上述问题，可以采取诸如：自动优化选井、统计概率预测、细分沉积类型、分区相控建模、渗透率取对数等方法，或者结合更高级的克里金估值技术方法，来降低影响程度，甚至消除影响因素。

　　总之，沉积相控建模方法的最大优点是从沉积相控模型中获取了大量的地质趋势结构信息，满足了计算和拟合变差函数的要求，避免了井控程度不足造成的结构分析失真，并且开发了待估值邻域内的灰色信息，因此提高了估值精度。所以，相控建模技术比克里金建模技术更先进，比相控随机建模结果更合理，更适合于油气藏描述中各种储层参数的井间预测和建模。

第4章 复合相控油气藏地质建模理论与方法

运用沉积相对储层的控制作用，建立砂岩厚度、孔隙度、渗透率和夹层密度等储层参数模型。而对于和含油气性有关的有效厚度和饱和度等油气藏参数，显然仅用沉积微相控制进行预测是不够的，或者是不合适的。

油气生成后运移至储集岩，在有利的圈闭条件下形成油藏。因此，油藏受到沉积、岩性、构造等诸多因素的控制，形成了目前的油气水分布。这种多因素条件下的油气水分布模式，控制了油气层有效厚度的分布，同时也控制了含水饱和度或者是含油饱和度的分布。因此，与含油气性有关的油气藏参数受到沉积微相和油气水分布的复合控制。

在油气藏开发中，每一个油层、气层、水层，每一个含油区、含气区、含水区，都有不同的边界形态、类型和组合关系，即具有某种成因条件。因此，我们把油气水分布模式定义为"流体相"。此处的"相"不是"相态"，而是一种流体存在的成因相或成因类型，如沉积相概念一样。李少华等(2008)把油气水分布模式以成因相的内涵定义为"流体相"的概念，并应用于复合相控建模。虽然与龙国清(2007)提到的流体相同名，但实质不一样，他所提到的流体相仍然是流体相态，考虑某种流体的存在对地球物理的影响来建模，而不是这种流体的成因对建模的影响。

流体相与流体相态的区别在于，一种流体只有一种相态，但可以有不同的"相"，譬如岩性圈闭、构造圈闭、岩性+构造圈闭、断层圈闭、岩性+断层圈闭、岩性+断层+构造圈闭等等，这些圈闭条件下形成的含油气区就是流体相。因此，流体相就是地下流体在不同圈闭条件下在特定地层的存在形式，它就是目前现场上使用的小层平面图上所画出的油气水分布，或者油气水关系。

综合使用沉积微相控制砂岩厚度、孔隙度、渗透率和夹层密度等储层参数的井间预测，使用沉积微相和油气水分布模式(以后称为流体相)复合控制有效厚度的井间预测，以及流体相控制含水饱和度或含油饱和度的井间预测，这种油气藏相控地质建模的方法称为"复合相控建模"方法。相控思路相同，建模步骤相同，区别仅在于增加了有效厚度和饱和度的相控建模，并且对不同的参数使用不同的相控制来建模，因此复合相控建模是沉积相控建模的扩展和改进方法。

4.1 流体相对油气藏的控制作用

4.1.1 油气水分布特征

图 4-1 左图所示油藏为一典型的背斜式边水油藏，其 I_4 小层由西向东发育河口砂坝

和席状砂微相，砂层和物性受沉积微相控制，由西向东变薄和变差。该油藏受长轴背斜式构造控制，在海拔−550m 线以内是纯油层；海拔−550～−650m 线之间为油水过渡带，形成了局部油水同层和含油水层；海拔−650m 线以外是纯水层，并且在含油区内出现一些局部差油层和干层，以及砂岩尖灭带。

　　分析认为该油藏同时受到岩性和构造的双重控制，而岩性和储集层厚度与沉积微相有关。因此，预测有效厚度应该考虑河流相沉积特征和背斜式构造圈闭的油水分布模式（流体相）对其的复合控制作用，而预测饱和度应该考虑流体相对其的控制作用。由于该油层流体相本身就是岩性和构造圈闭双重控制下形成的，因此用流体相控制也是复合控制。

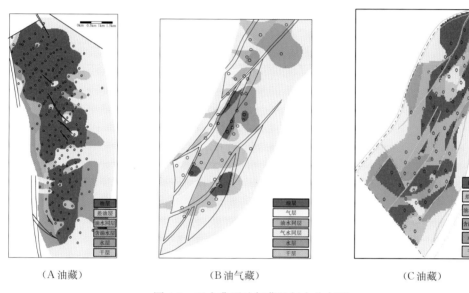

（A 油藏）　　　　　　　　　　　（B 油气藏）　　　　　　　　　　　（C 油藏）

图 4-1　三个典型油气藏油气水分布图

　　图 4-1 中图所示为油气共存的断块性油气藏，其 Es4$^{1-2}$ 层由西向东发育 6 个水下湖底扇，受浊积岩沉积控制，由西向东砂层变薄和物性变差。受断层控制，在各扇体局部形成断层＋岩性、断层＋岩性＋构造圈闭的含油区和含气区。因此，预测有效厚度应该考虑浊积扇沉积和断块式油气水分布模式（流体相）对其的复合控制作用，预测饱和度应该考虑流体相对其的控制作用。

　　图 4-1 右图所示为某断块性低渗透油藏，断层使半背斜构造更为复杂。其 II$_3$ 小层受沉积微相控制，在砂岩厚度和孔渗由分流河道向河口砂坝，再向席状砂微相逐渐减薄和变差的环境下，由断层控制在半背斜上沿北东方向，形成一系列断层＋构造圈闭、岩性＋构造圈闭、断层＋岩性＋构造圈闭的长条形含油区。

　　这些圈闭类型在该油藏具有代表性，整个油田同时受沉积、断层和半背斜构造的多重控制，断层在区内作用较大。因此，预测该油藏的有效厚度应该考虑河流相沉积和背斜式断块油水分布模式（流体相）对其的复合控制作用，预测饱和度应该考虑流体相对其的控制作用。

　　总之，由于沉积微相的不同，砂岩厚度、孔隙度和渗透率不同，平面分布形态、变化大小和主要变化方向也不相同，因此受沉积控制的含油气区储层厚度和物性不同。油气生成后运移至构造圈闭形成油气藏，由于在盖层之下圈闭决定于岩性、断层和构造起伏的组合，油气层的油气水分布也不仅取决于岩性，还取决于盖层和断层的组合，由此决定了有效厚度受沉积微相和流体相的复合控制，饱和度受流体相的控制。

4.1.2 流体相控制作用在净储比上的体现

净储比定义为有效厚度与砂岩厚度的比值，沉积微相和流体相对有效厚度的复合控制作用，可以由净储比作为中介。首先预测流体相控制下的净储比分布，然后与沉积微相控制下的砂岩厚度分布相乘，从而实现沉积微相和流体相对有效厚度的复合控制，建立有效厚度分布模型。

表 4-1 某断块区差油层和干层钻遇率统计表

	断块 A	断块 B	断块 C	断块 D
差油层/%	1.3	5.9	8.3	24.8
干层/%	0.3	7.8	13.6	29.8
平均埋深/m	2857	3060	3269	3596

表 4-1 为某断块区差油层和干层的钻遇率统计结果。由于该油藏砂层致密低渗，钻遇了较多的致密干层或差油层，并且钻遇率随着埋深加大而明显增大。特别是断块 D 的埋深最大，物性最差，钻遇干层的概率高达 29.8%，钻遇差油层的概率也达到了24.8%。因此，砂层中夹杂较多的干层和差油层，使含油区解释的油层计算净储比小于1，平均为 0.75~0.88，如表 4-2 所示。

表 4-2 某断块区不同含油类型在各油组的净储比统计表

油组	含油类型	断块 A		断块 B		断块 C		断块 D	
		钻遇率/%	平均净储比	钻遇率/%	平均净储比	钻遇率/%	平均净储比	钻遇率/%	平均净储比
I	油层	0	—	45.3	0.83	20.8	0.8	10.7	0.82
	差油层	0	—	0	—	0	—	0	—
	油水同层	2	0.2	18.7	0.69	6.3	0.64	0	—
II	油层	26.9	0.59	44.4	0.73	68.2	0.84	25	0.82
	差油层	0.5	0.08	5.6	0.74	9.7	0.78	25.7	0.8
	油水同层	12.4	0.48	26.5	0.61	5.8	0.72	8.6	0.83
III	油层	56.7	0.77	34.3	0.8	32.2	0.77	23.3	0.85
	差油层	2.7	0.87	8.9	0.74	8.2	0.59	31.1	0.9
	油水同层	4.7	0.42	18.7	0.64	8.7	0.68	2.2	0.18

油组	含油类型	断块 A		断块 B		断块 C		断块 D	
		钻遇率/%	平均净储比	钻遇率/%	平均净储比	钻遇率/%	平均净储比	钻遇率/%	平均净储比
I ｜ III	油层	35	0.75	41.1	0.76	50.8	0.83	23.9	0.88
	差油层	1.3	0.71	5.9	0.74	8.3	0.74	24.8	0.89
	油水同层	8	0.45	22.7	0.68	6.9	0.75	5.4	0.74

差油层的物性较差、厚度较小、束缚水饱和度较高，砂层内夹干层较多，一般解释的二类有效厚度低于砂岩厚度，净储比小于 1，平均在 0.71～0.89。而且，断块 D 钻遇差油层的概率相对较大，如表 4-2 所示。

由于该油藏的油水同层解释含水饱和度在 60% 左右，偏高，平均净储比在 0.45～0.75，如表 4-2 所示。其他，诸如含油水层、水层和干层的有效厚度均为零，净储比为零。因此，净储比在不同类型含油气区的数值变化较大，具备流体相控建模的必要条件。

4.1.3　流体相控制作用在饱和度上的体现

图 4-2 所示为某断块区不同含油类型的含水饱和度统计直方分布。可以看出，油层→油水同层→含油水层→水层的含水饱和度依次增大，区别明显。

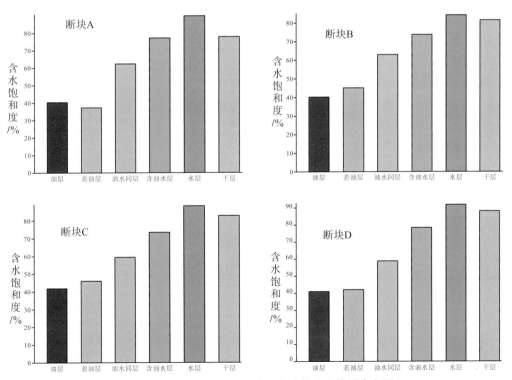

图 4-2　某断块区不同含油类型含水饱和度统计直方图

　　由于该油藏致密低渗透，岩性的作用较大，致使构造和断层圈闭下的油水分布更加复杂化，差油层和油层的含水饱和度接近，干层和水层的含水饱和度接近。目前尚无方法对饱和度进行沉积微相和流体相的复合相控建模，而采取流体相单一相控建模。

　　总结油气水分布的边界有：油水边界、气水边界、砂体尖灭线、干层边界线、断层线等。在油水边界和气水边界两侧，净储比向水区迅速趋于 0，与 0 线是斜交关系，而含水饱和度向水区逐渐趋于 100%，与 100 线是渐近关系；在砂体尖灭线和干层边界线两侧，净储比向水区是逐渐趋于 0，与 0 线是渐近关系，含水饱和度向水区也是逐渐趋于 100%，与 100 线是渐近关系；断层线两侧的净储比和含水饱和度是突变关系，分布不连续。

4.2　复合相控油气藏地质建模步骤

　　复合相控油气藏地质建模步骤与沉积相控储层地质建模步骤基本一致。步骤一增加油气水分布划分和数值化；步骤二增加净储比和含水饱和度单相统计；步骤三增加净储比和含水饱和度趋势模型的建立，并由净储比和砂岩厚度趋势模型相乘得到有效厚度趋势模型；步骤四增加有效厚度和含水饱和度的相控变差函数拟合分析；步骤五增加有效厚度和含水饱和度的克里金展布。以下只叙述各步骤增加的内容，其他内容请见上一章。

4.2.1　建立流体相模型

　　以 3.2.1 节沉积微相和砂体研究为背景，以单井含油气性综合解释成果为主，结合地震精细解释构造图，研究构造起伏的圈闭特征和断层分布特征，划分油气水分布，绘制小层平面图。并通过射孔试油、试采、测试等资料，逐层落实每一个油气井区分布范围和闭合边界类型，落实断层封堵性和井间油气层连通性，最终落实油气水分布，即流体相分布。

　　通常约定数值代码为：1 油层（或气层）、2 差油层（或差气层）、3 油水同层（或气水同层）、4 含油水层（或含气水层）、5 水层、6 干层。在开发后期的油气藏相控建模中，还可以区分油层和水淹油层，气层和水淹气层。凡解释为低产油层、低能油层、微产油层等均归为差油层，若差油层很少，可以归入油层。凡解释为致密层均归为干层，含水区的干层可以归并到水层而不影响计算结果。如果同时发育油层和气层，则分别忽略油层或气层进行两次相控建模，然后叠加建模结果。

　　在沉积微相数值化后，由边界线组合成砂体尖灭线。数值化砂体分布范围的油气水分布区块的各段边界线，逐段确定边界类型，建立每一油气层的流体相数值代码网格模型，如图 4-3 所示的某断块区断块 A Es3-II₄ 小层。注意流体相和沉积微相的数值代码模型与储层参数模型的网格要素必须严格一致。

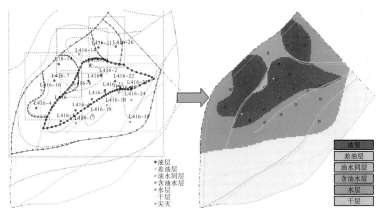

图 4-3　某断块区断块 A Es3-Ⅱ₄ 小层流体相数值化示意图

4.2.2　建立流体相统计特征模型

首先，利用单井含油气性综合解释成果，统计单井各油气层段的有效厚度(m)和平均含水饱和度(%)。

然后，按建模地层单元(单砂层、小层或亚段)统计单井各层的有效厚度和平均含水饱和度，计算净储比(有效厚度/砂岩厚度)，并根据含油气类型确定各井各层流体相数值代码(按厚度优势归并)，建立储层参数的离散模型。注意单井流体相类型要与所在含油气区块的流体相类型一致。

最后，分层统计净储比和含水饱和度在各流体相的概率分布曲线，计算均值、均差、峰值、相控值和其概率熵等一系列统计特征。譬如某断块区断块 A Es3-Ⅱ₄ 小层油层区的净储比分布特征统计(4-4 左图)，以及对应含水饱和度分布特征统计(4-5 左图)。

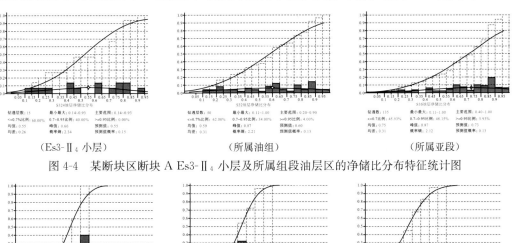

图 4-4　某断块区断块 A Es3-Ⅱ₄ 小层及所属组段油层区的净储比分布特征统计图

图 4-5　某断块区断块 A Es3-Ⅱ₄ 小层及所属组段油层区的含水饱和度分布特征统计图

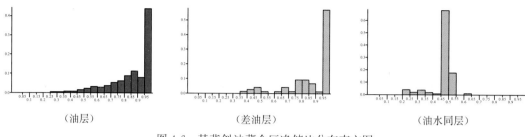

（油层）　　　　　　　　　　　（差油层）　　　　　　　　　　　（油水同层）

图 4-6　某背斜油藏全区净储比分布直方图

　　由于该断块致密低渗，发育大量的干层和致密层，再加上大量的大倾角断层的影响，含油分布极其混乱，净储比分布不集中，较为分散，如图 4-4 所示。若为断层不发育的背斜式油藏，其净储比分布就比较集中，如图 4-6 所示。

　　由于分层分相的井点数目不一定都能满足概率统计要求，因此需要模拟和预测概率分布曲线，在概率最大的范围内获取该层该相控制参数值。对于井点太少或无井点的流体相，以对应上一级的层系统计结果替代，如图 4-4 和图 4-5 的中图和右图所示。一般情况下，峰值与均值接近的取均值，峰值距均值较远的取均值和峰值的平均值，同时获取相控参数值的概率大小。譬如某断块区断块 A Es3-Ⅱ$_4$ 小层和所属油组和亚段各流体相的平均净储比对比直方图 4-7 和平均含水饱和度对比直方图 4-8。Es3-Ⅱ$_4$ 小层无差油层，所属Ⅱ油组也较少，层薄，但Ⅲ油组因埋深大，物性较差，发育较多差油层，因此所属亚段差油层较多。

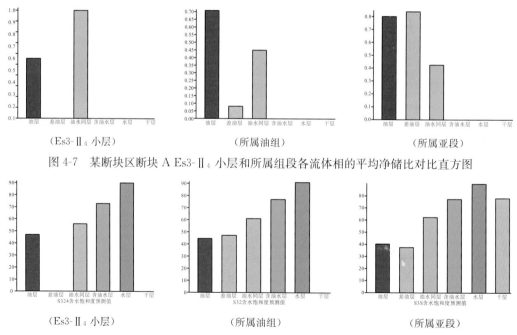

（Es3-Ⅱ$_4$ 小层）　　　　　　　　（所属油组）　　　　　　　　　（所属亚段）

图 4-7　某断块区断块 A Es3-Ⅱ$_4$ 小层和所属组段各流体相的平均净储比对比直方图

（Es3-Ⅱ$_4$ 小层）　　　　　　　　（所属油组）　　　　　　　　　（所属亚段）

图 4-8　某断块区断块 A Es3-Ⅱ$_4$ 小层和所属组段各流体相的平均含水饱和度对比直方图

4.2.3　建立油气藏参数相控地质趋势模型

　　与 3.2.3 步骤类似，首先建立流体相控均值模型，即给流体相数值代码网格节点赋予对应的相控参数值和概率值，建立单层流体相控参数值和概率值的"平台模型"，包括净储比和含水饱和度。其中，在干层、水层、含油水层等有效厚度零值区，净储比赋值零，在泥质沉积区净储比也赋值 0，而含水饱和度则赋值 100％。并且，这些地区赋值的可信度为 1。

　　然后，模拟流体相内和相间净储比和含水饱和度的趋势变化特征。特别是含油气区与含水区的结合部，净储比的变化较快，与 0 线是斜交关系。若之间有过渡带，则相对变化要慢一些。而含油气区与干层或泥质沉积区，净储比的变化较慢，与 0 线是渐近关系。各油气水分布区与干层或泥质沉积区之间，含水饱和度的变化与 100％ 线也是渐近关系。所有断层线两侧的净储比和含水饱和度均是突变关系，即模拟时两侧互不相关，除非都是 0 值或者都是 100％，具体技术见第 4 章。

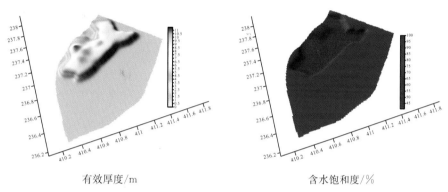

有效厚度/m　　　　　　　　　　　　含水饱和度/％

图 4-9　某断块区断块 A Es3-Ⅱ₄ 小层有效厚度和含水饱和度复合相控地质趋势模型

　　最后，利用净储比相控趋势分布与砂岩厚度相控地质趋势模型相乘，获得有效厚度复合相控地质趋势模型。同样，需要利用概率模型计算相控预测可信度，并通过等效校正，最终建立有效厚度和含水饱和度相控趋势模型，如图 4-9 所示。

4.2.4　复合相控变差函数拟合

　　实验变差函数计算方法如 3.2.5.1，考虑虚拟井数据的可信度，利用实际钻井数据加上虚拟井灰色数据，计算"软"实验变差函数。不同之处在于要剔除跨断层线的点对，因为有效厚度和含水饱和度在断层线两侧是不连续的，是突变的。在油水边界线或者气水边界线两侧，有效厚度与净储比一样，变化较快，与 0 线是斜交关系，因此为了考虑这种变化特征，在油水边界线或者气水边界线两侧的有效厚度数据点对之差乘 2。

　　由于断层的影响，实验变差函数曲线更加参差不齐，形态乖张，单一方向拟合难度大，如图 4-10 所示。同样因为断层的影响，特别是河流方向的横向上切割的平行断层之间，最大变程方向的点对少，被其他方向的点对所掩盖，河流方向的变差函数曲线不能反映出最大变程特征，套合拟合的难度更大。所以，有效厚度变差函数套合拟合时的相控指导方向，仍然以沉积微相特征的拟合方向为主，补充考虑油水边界线或者气水边界线的走向。含水饱和度则相反，变差函数套合拟合时的相控指导方向，以油水边界线或者气水边界线的走向为主，补充考虑沉积微相的因素。

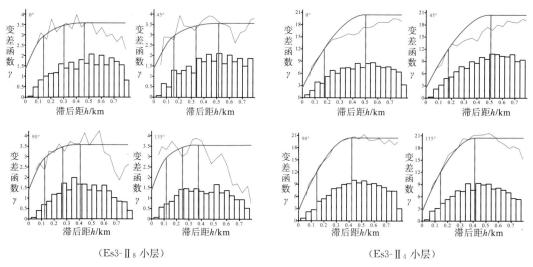

（Es3-Ⅱ₈ 小层）　　　　　　　　　　　（Es3-Ⅱ₄ 小层）

图 4-10　某断块区断块 A 两个小层有效厚度变差函数曲线拟合图

若不能同时套合拟合上所有方向的变差函数曲线时，可以放弃部分方向，如图 4-10 左图只套合 3 个方向，右图只套合了两个方向。若油气分布块小而分散，拟合时要更加重视短距离曲线的拟合，而放弃拟合远距离曲线，如 4-10 右图所示。因此，受构造影响较大的有效厚度和含水饱和度的变差函数曲线拟合，一般有效厚度的块金值较砂岩厚度的块金值大，因为其无规律的变化因素更多。最大变程方向的意义发生了异变，不一定就体现出沉积规律，往往是沉积和构造规律的多样叠合。

4.2.5　复合相控克里金估值

复合相控建模的最后一步同样是实际钻井与虚拟井数据的相控克里金估值，分层建立有效厚度和含水饱和度的网格模型。估值方法与 2.2.6 相同，但所使用的理论变差函数模型的最大变程方向除了要按沉积微相分布特征进行局部修正以外，还要考虑油水边界线或者气水边界线的方向进行局部修正。因为在油水边界线或者气水边界线附近，有效厚度和含水饱和度的等值线走向受构造控制，与油水边界线或者气水边界线的走向近似一致，只要是砂厚变化不大。同样，估值计算结果也需要进行逻辑检验和等效校正。

（1）泥质沉积区逻辑检验指标：$0 \leqslant$ 有效厚度 $< 0.2 m$，$99\% \leqslant$ 含水饱和度 $\leqslant 100\%$。

（2）干层分布区逻辑检验指标：$0 \leqslant$ 有效厚度 $< 0.2 m$，$75\% \leqslant$ 含水饱和度 $\leqslant 100\%$。

（3）水层、含油水层或含气水层分布区逻辑检验指标：$0 \leqslant$ 有效厚度 $< 0.2 m$，$70\% \leqslant$ 含水饱和度 $\leqslant 100\%$。

（4）油水同层或气水同层分布区逻辑检验指标：$0.2 \leqslant$ 有效厚度 $\leqslant h_{o\,max}$，$50\% \leqslant$ 含水饱和度 $\leqslant 70\%$。

（5）油层、差油层、气层或差气层分布区逻辑检验指标：$0.2 \leqslant$ 有效厚度 $\leqslant h_{o\,max}$，$15\% \leqslant$ 含水饱和度 $\leqslant 60\%$。

其中，单井单层最小有效厚度一般取 $0.2 m$，$h_{o\,max}$ 为单井小层最大有效厚度。

有效厚度和含水饱和度等效校正指标：流体相均值误差和单层均值误差 $\leqslant$ 误差限

ε_{ho}、ε_{sw}。其中，流体相均值误差为某一流体相在全区的网格均值与单井均值之差，单层均值误差为某一小层的网格均值与单井均值之差，ε_{ho}、ε_{sw}分别为有效厚度和含水饱和度的误差限。

4.3 复合相控油气藏地质建模的影响因素

复合相控建模考虑了沉积微相和流体相的复合控制作用，而流体相决定于岩石物理相和构造，特别是断层。用复合相控建模方法建立的有效厚度分布，既体现了沉积特征，又体现出断层对油层的切割作用，如图 4-11 和 4-12 所示。

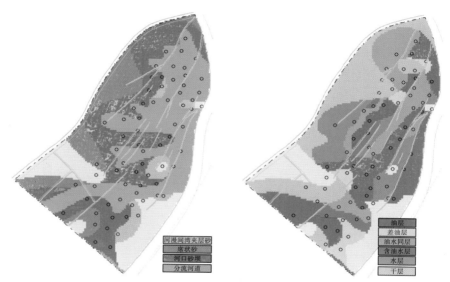

图 4-11 某断块区断块 B Es3-II₆ 小层沉积微相和流体相分布图

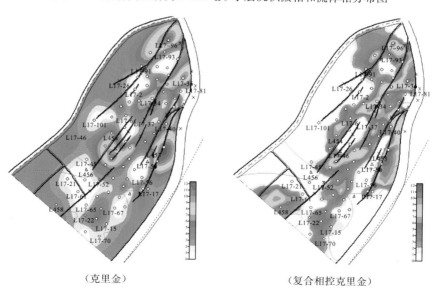

（克里金） （复合相控克里金）

图 4-12 某断块区断块 B Es3-II₆ 小层有效厚度复合相控建模质量评价图

　　复杂断层下有限的已知钻井用克里金方法展布的有效厚度分布，外延准确性较差，泥质沉积区出现连片的有效厚度分布，如 4-12 左图的西部和东南角；大片干层分布区也出现有效厚度分布，如西北边部。同时，克里金的平滑效应使断层对油水分布的切割特征模糊。而复合相控克里金展布结果，上述问题得到了较好的解决，如 4-12 右图。

　　但是，复合相控建模方法也存在较多影响因素。譬如，在 4-12 右图中断层两侧仍然存在一些"平滑效应"，原因是断层间距太小，有限的虚拟井也不能完全体现断层对流体相的作用，出现"缩边"现象，如 L17-37 井南侧的小断层以西地区，该区的油水同层受西邻的水层影响有收缩现象。另外 L17-67 井西侧有效厚度分布没有断开，出现"粘连"现象，与含油水层有效厚度为零不符合。这些问题都是因为两个地区缺少某些关键虚拟井所引起，说明虚拟井选取位置的合理性是影响相控建模的主要因素之一。虚拟井合理性问题在复合相控建模中则更加关键，既要体现沉积微相分布特征，又要体现流体相分布特征，还不能太多以至于"喧宾夺主"，因此很难同时做到。

　　对于上述问题，可以采取自动优化选井后再手动交互式筛选，尽可能地剔除"低能井"，添加关键井，提高虚拟井质量。

　　另外，影响复合相控建模精度的主要因素，除了已知井数量、沉积微相复杂程度和多物源方向等因素以外，流体相分布的复杂程度又是一个主要因素。如 4-11 右图所示的流体相分布，叠瓦式分布的断层将油水分布切割成条带状，而且与分流河道方向垂直。复杂的断层分布掩盖了沉积微相的作用，使 4-12 右图的复合相控克里金展布结果中看不出明显的沉积微相控制作用。

　　还有致密低渗储层净储比分布不集中也是有效厚度复合相控建模的影响因素之一，但断层不发育的背斜式油气藏净储比分布较集中，如 4.2.2 所述。

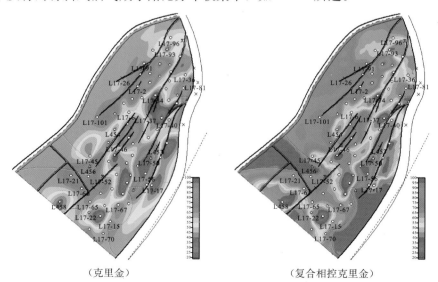

（克里金）　　　　　　　　　　　　（复合相控克里金）

图 4-13　某断块区断块 B Es3-Ⅱ₆ 小层含水饱和度相控建模质量评价图

　　含水饱和度目前还只能用流体相控建模，但由于流体相受岩石物理相和构造（特别是断层）的控制，因此，含水饱和度流体相控建模，实际上也间接地考虑了沉积微相的作用。如图 4-13 所示，与仅用已知钻井克里金展布相比，含水饱和度流体相控克里金展布结果达到更好的效果。至于含水饱和度直接用沉积微相和流体相复合相控建模，目前尚未找到具体方法，关键是没有找到合适的中介参数变量。

　　总之，油气藏复合相控地质建模方法，最大优点是既从沉积微相分布中获取了大量的地质趋势结构信息，又从流体相分布中提取了油气水受构造影响的局部几何结构信息，满足了计算和拟合变差函数的要求，避免了井控程度不足造成的结构分析失真，并且开发了待估值邻域内更多的灰色信息，提高了估值精度。所以，复合相控建模技术比克里金建模技术更先进，比相控随机建模结果更合理，更适合于油气藏描述中与含油气性有关的油气藏参数的井间预测和建模，如下图所示，更多见第 6 章实例应用。

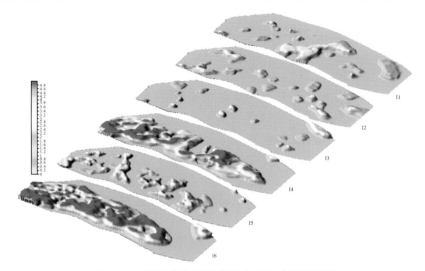

图 4-14　某油藏有效厚度复合相控建模成果图

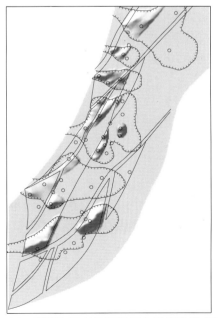

图 4-15　某断块区有效厚度复合相控建模成果图

第 5 章　相控地质建模关键技术

进行沉积微相控制下的相控地质建模，以及沉积微相和流体相复合控制下的相控地质建模，主要涉及高分辨率的层序地层学、沉积学、油层物理学、计算机技术等，前三者请见相关论著和专业教材，本章仅涉及相控建模的有关计算方法和软件技术。

5.1　虚拟井位优化方法

相控地质趋势模型既要从趋势上约束储层参数的预测结果，而且要给井间提供参考的虚拟井，与实际井点共同进行储层参数预测。因此，相控建模的关键之一是以虚拟井点的形式从相控地质趋势模型中提取灰色信息，弥补钻井信息控制不足的地区，与实际钻井信息点共同进行变差函数分析和克里金展布。

变差函数计算和拟合，以及克里金展布，通常因为实际钻井不足，都要求以大量的虚拟井为基础。增加虚拟井密度，可以丰富信息量，使实验变差函数曲线比较平滑，便于拟合。但是，若虚拟井太多，则权重过大，会"喧宾夺主"，掩盖了实际钻井所具有的分布结构特征。降低虚拟井密度，可以提高实际钻井的权重，更多体现实际钻井所具有的分布结构特征。但是，若虚拟井太少，则信息量少，使实验变差函数曲线参差不齐，不容易拟合，还可能会出现图 3-22(c) 所示的"粘连"现象。因此，虚拟井数量要适当。

虚拟井如何提取？提取多大的数量？我们可以采用三角蛇行技术，在井间评价和搜寻钻井控制程度低和沉积微相复杂的区域，在这些井区以最少的虚拟井提取最多的趋势信息，实现虚拟井自动提取和优化的目的，较好地解决实际钻井和虚拟井之间的主次关系。

设某小层已知 n 口实际钻井(●)，已知 $n_x \times n_y$ 沉积微相网格代码，如图 5-1 所示。首先建立基础三角井网，然后评价三角井区，最后搜索并确定虚拟井位置。具体步骤如下：

1. 建立基础三角井网

(1) 以最大内角最小的原理，把已知钻井井点连接成锐角三角井网。

(2) 以最大内角最小的原理，添加虚拟井点(○)，扩展锐角三角井网，使锐角三角井网覆盖全区砂体分布范围，即基础三角井网。

2. 计算加密界限

(1) 计算平均井距 $\overline{L}$，km，即基础三角井网的平均边长。

(2) 计算加密界限，即加密后三角井区三角面积上限 ε_s，km²，由下式计算：

$$\varepsilon_s = \frac{\sqrt{3}}{4} \overline{L} \cdot u \tag{5-1}$$

式中，$\overline{L}$ 为平均井距，km；u 为加密系数，小数，介于 0～1 之间。

3. 评价三角井区

（1）设基础三角井网共有三角井区 N 个，用海伦公式计算三角井区面积 S_i，km²：

$$S_i = \frac{1}{4} \sqrt{(a+b+c)(a+b-c)(a+c-b)(b+c-a)}, \quad (i = 1, 2, \cdots, N)$$

$$\tag{5-2}$$

式中，a、b、c 为第 i 个三角形的 3 边长，km。

（2）评价基础三角井网沉积微相变化程度，由下式计算三角井区沉积微相变化系数 P_i：

$$P_i = \frac{M_{ci}}{M_i}, \quad (i = 1, 2, \cdots, N) \tag{5-3}$$

式中，M_i 为第 i 个三角井区包含的网格节点总数，其中有 M_{ci} 个节点的沉积微相与 8 个方向的相邻节点不一样。

4. 搜索三角井区

（1）按条件 $P_i > 0$ 且 $S_i > \varepsilon_s$ 或 $P_i = 0$ 且 $S_i > 2\varepsilon_s$ 搜索任意三角井区（未搜索过）为起始三角井区。若无任何满足条件的三角井区，则结束搜索退出。若有则继续下一步。

（2）搜索与起始三角井区相邻的三角井区，若无满足条件的三角井区，则起始三角井区条件孤立，转 5；若有满足条件的三角井区，则进入该三角井区，继续下一步。

（3）以转入边为准，搜索左右相邻的三角井区，如图 5-1 所示。若有满足条件的三角井区，则前进进入该三角井区，重复本步骤。若无满足条件的三角井区，则原路退回原来进入时的三角井区，搜索另一个相邻的三角井区。若有则前进并重复本步骤；若无则继续倒退，直至退回起始三角井区，并且无路可走，则继续下一步。

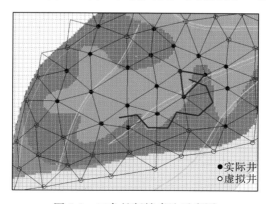

图 5-1　三角蛇行搜索法示意图

5. 确定虚拟井位置

（1）在所走过的各三角井区，计算节点最多的沉积微相的几何中心，设置虚拟井点。

(2)新设置的虚拟井加入原井网,以最大内角最小的原理,重新组成三角井网,然后转 3 重新评价三角井区。

搜索三角井区时,若 $P_i>P_j>0$ 且 $S_i>\varepsilon_s$ 和 $S_j>\varepsilon_s$,则进入第 i 三角井区,反之,若 $0<P_i<P_j$ 且 $S_i>\varepsilon_s$ 和 $S_j>\varepsilon_s$,则进入第 j 三角井区;若 $P_i=P_j=0$ 且 $S_i>S_j>2\varepsilon_s$,则进入第 i 三角井区;反之,若 $P_i=P_j=0$ 且 $2\varepsilon_s<S_i<S_j$,则进入第 j 三角井区。

5.2　相控地质趋势模拟技术

相控地质趋势模型是反映储层地质特征的储层参数趋势分布模型,包括数值大小和几何分布形态,该模型的砂岩厚度、孔隙度、渗透率等参数的分布要从趋势上符合沉积微相分布特征,有效厚度和含水饱和度的分布从趋势上既要符合沉积微相分布特征,又要符合流体相分布特征,即油气水分布特征,体现构造起伏和圈闭特征,特别是断层圈闭特征。

相控地质趋势模型不过已知信息点,从区域上反映当地沉积微相的几何分布形态和储层物性分布趋势特征,同时在局部体现砂岩厚度、孔隙度、渗透率等参数的变化特征。因此,趋势不是数学趋势,而是一种符合沉积特征的地质趋势,是储层参数的抽象分布。

相控地质趋势模型应该分布平滑,有起伏,相与相之间有明显区别的渐变,砂体分布走向与河流走向一致,并且尖灭区与泥质沉积区一致。模拟的方法是从平台模型开始,逐步模拟局部趋势和区域趋势。以沉积相控地质趋势模型为例,具体步骤如下:

1. 建立平台模型

以沉积微相数值代码网格数据为基础,给每一个相代码赋予储层参数的代表值和相应概率计算的可信度,形成一个储层参数"平台模型"和一个可信度模型。代表值一般为均值,也可以是峰值,或者是两者的某种组合值。由于同相给予相同值,所以称为"平台模型"。

2. 建立平滑模型

平台模型各相之间是突变的,在各相之间设立突变带,利用相分布和其概率,模拟相之间储层参数的变化,建立储层参数平滑模型,并更新可信度模型。若要建立净储比趋势模型和含水饱和度趋势模型,则此步骤还要模拟各类油气边界两侧净储比和含水饱和度的变化,以及断层两侧的突变。

3. 建立残差模型

首先计算已知井点在平滑模型上的残差,并设虚拟井为平滑模型值,残差为零。然后,利用最小二乘法,在网格节点模拟残差的局部多项式,建立储层参数残差模型。模拟时,已知钻井残差的可信度为 1,泥质沉积区虚拟井残差可信度为 1,其他虚拟井残差可信度来自于可信度模型。利用距离和可信度作为权重,在待估节点的某邻域内模拟残差的最小二乘多项式。在净储比和含水饱和度残差模拟中,要考虑断层的突变性,以及渐近线关系和斜交线关系的区别。

4. 建立相控地质趋势模型

储层参数平滑模型与残差模型之和，建立相控地质趋势模型。并且，利用沉积微相分布和流体相分布检验和校核储层参数的逻辑分布关系，并平滑模型，更新可信度模型。

5. 等效校正趋势模型

对于每个储层参数趋势模型，首先以单层单相统计趋势模型概率分布和单井概率分布，按图 5-2 示意关系进行等效校正；然后按单层不分相进行统计，同理进行等效校正。单井统计中，若分相井点少，可以使用对应油组统计结果，甚至全区统计结果。

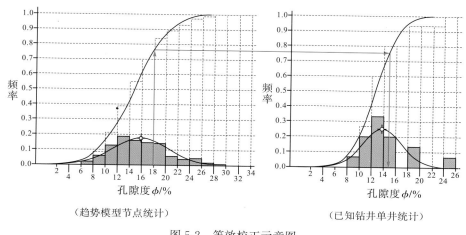

（趋势模型节点统计）　　　　　　　　　　　　（已知钻井单井统计）

图 5-2　等效校正示意图

5.3　相控变差函数最优套合技术

实验变差函数曲线的拟合和套合是克里金估值预测的关键，也是评价和认识油气储层的关键。但由于储层的非均质和各向异性，实验变差函数曲线不仅参差不齐，而且不同方向上曲线形态可能差异很大，使用相同的模型同时拟合上多个方向的实验变差函数曲线一般是比较难的，其专业性和经验性较强。

相控变差函数最优套合技术可以克服这些困难，可以降低拟合难度。以虚拟井灰色数据补充实际井点数据，计算软实验变差函数曲线；以储层参数相控地质趋势分布网格数据计算的趋势变差函数曲线为参考，运用多级球形叠合模型拟合单方向的实验变差函数曲线；以沉积微相分布形态特征估算的各向异性比和最大变程方向，作为实验变差函数曲线套合时参考。

5.3.1　多级球形叠合模型最优拟合技术

假如我们认为实验变差函数曲线大致可分为 n 段，并以球状模型的 n 级叠合形式来拟合已获取的某方向的实验变差函数曲线。

设

$$\gamma(h) = \gamma_0(h) + \gamma_1(h) + \gamma_2(h) + \cdots + \gamma_n(h) \tag{5-4}$$

其中，

$$\gamma_0(h) = \begin{cases} 0, & h = 0; \\ C_0, & h > 0。 \end{cases} \tag{5-5}$$

$$\gamma_i(h) = \begin{cases} C_i\left(\dfrac{3}{2}\dfrac{h}{a_i} - \dfrac{1}{2}\dfrac{h^3}{a_i^3}\right), & 0 \leqslant h \leqslant a_i; \\ C_i, & h > a_i. \end{cases} \tag{5-6}$$

且，$\alpha_1 < \alpha_2 < \cdots < \alpha_i < \cdots < \alpha_n$，$i = 1, 2, \cdots, n$。整理后可得到 n 级球形叠合结构的分段函数形式：

$$\gamma(h) = \begin{cases} 0, & h = 0; \\ \displaystyle\sum_{j=0}^{i-1} C_j + \dfrac{3}{2}\sum_{j=i}^{n}\dfrac{C_j}{a_j}h - \dfrac{1}{2}\sum_{j=i}^{n}\dfrac{C_j}{a_j^3}h^3, & a_{i-1} < h \leqslant a_i; \\ (i = 1, 2, 3\cdots, n; \ a_0 = 0) \\ \displaystyle\sum_{j=0}^{n} C_j, & h > a_n. \end{cases} \tag{5-7}$$

对应于实验变差函数曲线的 n 段，将$(h_i, N(h_i), \gamma^*(h_i))$，$i = 1, 2, \cdots, N$ 分成 n 组数据，且有 $1 < n_1 < n_2 < \cdots < n_{n-1} < N$。假设已经实现了最佳的分段拟合 $\gamma(h)$，定义每段的拟合方差为（令 $n_o = 1$，$n_n = N$）：

$$\sigma^2_{n_i-1, n_i} = \sum_{k=n_{i-1}}^{n_i}\left[\gamma^*(h_k) - \gamma(h_k)\right]^2, \ i = 1, 2, \cdots, n \tag{5-8}$$

拟合总方差为

$$G_N(n, n_1, n_2, n_{n-1}) = \sum_{i=1}^{n} \sigma^2_{n_i-1, n_i} \tag{5-9}$$

n 级叠合的前 m 个点的拟合方差为

$$G'_n(m) = \sum_{i=1}^{m}\left[\gamma^*(h_i) - \gamma(h_i)\right]^2 \tag{5-10}$$

拟合的最终目的在于使拟合总方差达到最小，但尤其要保证前 m 个点的拟合方差最小。所以，在具体拟合时，从 $n = 1$ 开始逐渐增大，分别按

$$G_N(n, n_1^*, n_2^*, \cdots, n_{n-1}^*) = \min_{1 < n_1 < n_2 < \cdots < n_{n-1} < N} G_N(n, n_1, n_2, \cdots, n_{n-1}) \triangleq G_N^*(n) \tag{5-11}$$

确定分点。

按

$$G'_{n^*}(m) = \min_{1 < n < N} G'_n(m) \tag{5-12}$$

确立叠合级数，如图 5-3 所示。分段叠合级数越高，拟合精度越好。

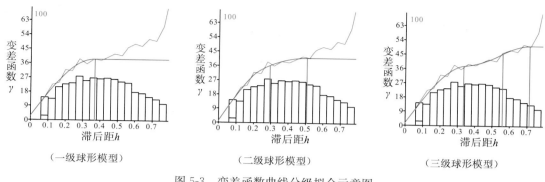

图 5-3　变差函数曲线分级拟合示意图

按

$$| G_N^*(n) - G_N^*(n-1) | \leqslant \varepsilon \, (为指定的小正数) \tag{5-13}$$

作为退出条件。具体计算步骤如下：

(1)给定 m 及 ε，一般 m 越大，ε 越小，要求的精度越高。

(2)令 $n=1$，计算 $G_N^*(1)$，$G_1'(m)$。

(3)令 $n=n+1$。

(4)设已计算到 $n=k$。按式(5-13)确定 n_1^*、n_2^*、$\cdots$、n_{k-1}^*，计算 $G_N^*(k)$、$G_k'(m)$ 及 $d = | G_N^*(k) - G_N^*(k-1) |$。

(5)若 $d > \varepsilon$，则转到(3)；若 $d \leqslant \varepsilon$，则转到(6)。

(6)求 n^*：

$$G_{n^*}'(m) = \min_{1 < n < k} G_n'(m) \tag{5-14}$$

则相应的 n^* 即为所求级数，相应的 n_1^*、n_2^*、$\cdots$、$n_{n^*-1}^*$ 为所求最佳分点，相应的 $\gamma(h)$、$G_N^*(n^*)$、$G_{n^*}^*(m)$ 为该方向上实验变差函数曲线的最佳拟合、最佳拟合方差及最佳拟合时前 m 个点的拟合方差。

为保证更多地考虑距离近的点对，拟合时可以设置权重，即定义每段的拟合方差为：

$$\sigma_{n_{i-1}, \, n_i}^2 = \sum_{k=n_{i-1}}^n W(h_k) [\gamma^*(h_k) - \gamma(h_k)]^2, \, i = 1, 2, \cdots, n。 \tag{5-15}$$

以及前 m 个点的拟合方差为：

$$G_n'(m) = \sum_{i=1}^m W(h_i) [\gamma^*(h_i) - \gamma(h_i)]^2 \tag{5-16}$$

其中，$W(h_k)$ 和 $W(h_i)$ 同为实验变差函数曲线点权重，如下式计算。

$$W(h_i) = \frac{1/h_i}{\sum\limits_{i=1}^N 1/h_i} , \, W(h_k) = \frac{1/h_k}{\sum\limits_{k=1}^N 1/h_k} \tag{5-17}$$

5.3.2　相控地质趋势模型的趋势变差函数曲线

实际井点数据和来自于相控地质趋势模型的虚拟井点灰色数据，计算软实验变差函数曲线方法见 3.2.5.1。相控地质趋势模型数据的加入，降低了实验变差函数"畸形"

的风险，而且曲线起伏相对小一些，拟合更容易。但如果实验变差函数曲线仍然参差不齐，以至于形态不明显，曲线无法拟合。此时，可以计算相控地质趋势模型的趋势变差函数曲线，参考其形态进行实验变差函数曲线拟合。

剔除泥质沉积区网格节点，将趋势分布网格节点数据视为离散点数据，计算方法与实验变差函数曲线计算方法一致。由于趋势分布比较平滑，因此趋势变差函数值较井点离散数据计算的实验变差函数值小，需要用两者的变差函数标准偏差进行校正，如下式所示，校正后的趋势变差函数曲线点如图 5-4 中"○"点所示。

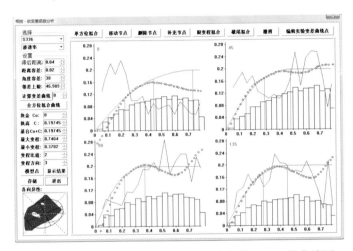

图 5-4　某断块区断块 A Es3-Ⅲ₆ 小层渗透率趋势变差函数曲线图（o 点）

$$\bar{\gamma}_{\text{grid}} = \frac{\sum_{i=1}^{N_{\text{grid}}} \gamma_{\text{grid}}(i)}{N_{\text{grid}}}, \quad \bar{\gamma}_{\text{well}} = \frac{\sum_{i=1}^{N_{\text{well}}} \gamma_{\text{well}}(i)}{N_{\text{well}}} \tag{5-18}$$

$$\bar{\gamma}'_{\text{grid}} = \sqrt{\frac{\sum_{i=1}^{N_{\text{grid}}} \left[\gamma_{\text{grid}}(i) - \bar{\gamma}_{\text{grid}} \right]^2}{N_{\text{grid}} - 1}}, \quad \bar{\gamma}'_{\text{well}} = \sqrt{\frac{\sum_{i=1}^{N_{\text{well}}} \left[\gamma_{\text{well}}(i) - \bar{\gamma}_{\text{well}} \right]^2}{N_{\text{well}} - 1}} \tag{5-19}$$

$$\gamma_{\text{grid}}(i) = \bar{\gamma}'_{\text{well}} + \frac{\bar{\gamma}'_{\text{well}}}{\bar{\gamma}'_{\text{grid}}} (\gamma_{\text{grid}}(i) - \bar{\gamma}'_{\text{grid}}), \quad (i = 1, 2, \cdots, N_{\text{grid}}) \tag{5-20}$$

式中，$\gamma_{\text{grid}}(i)$、$\bar{\gamma}_{\text{grid}}$、$\bar{\gamma}'_{\text{grid}}$ 为趋势变差函数曲线值、平均值和标准偏差，$\gamma_{\text{well}}(i)$、$\bar{\gamma}_{\text{well}}$、$\bar{\gamma}'_{\text{well}}$ 为实验变差函数曲线值、平均值和标准偏差。

从图 5-4 可以看出，只要所建立的相控地质趋势模型正确反映了当地沉积特征，则利用其所计算的趋势变差函数曲线，可以给予实验变差函数曲线拟合以极大的帮助。

5.3.3　沉积微相估算各向异性比和最大变程方向

沉积微相分布形态往往决定了河流沉积砂体的分布走向，同时水动力方向也使孔渗分布具有方向选择性。变差函数分析中，砂岩厚度和孔渗分布的最大变程方向与河流方向有着较为密切的关系。在河流方向较为一致和弯曲程度不太大的情况下，储层参数分布的最大变程方向与河流走向有着惊人的一致性。而且，河流的平均宽度与延伸长度也可以用来估算各向异性比，即最大最小变程比。

　　估算沉积微相分布的各向异性比和最大变程方向，利用了"连续同相线"的概念。所谓"连续同相线"即在同一沉积微相上沿某方向画出的最长线，如图 5-5 所示的黑线。注意线上要连续分布同一种沉积微相，如图中蓝线就非连续同相线，但用湖岸线或海岸线区分的两种相认为是同相；最长线则意味着线要一直延伸到相的边界，若延伸到了工区边界，则为不完整的连续同相线，如图中红线，计算时不予考虑。

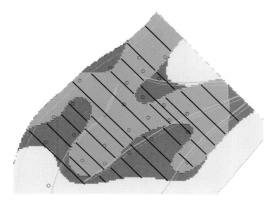

图 5-5　某断块区断块 A Es3-Ⅱ₃ 小层 135°方向的连续同相线示意图

　　间隔 1°计算 0°~179°每个方向的连续同相线平均长度，则可以组成如图 5-6 所示的连续同相线簇。用一椭圆按最小二乘法模拟线簇分布面积，寻找误差平方和最小的最佳椭圆为沉积几何异性示意椭圆，其长轴方向为最大变程方向，长短轴之比为各向异性比。

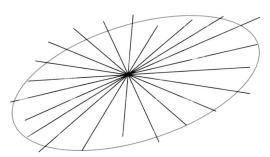

图 5-6　连续同相线簇及其拟合椭圆示意图

　　套合时，以沉积几何异性示意椭圆为基础，对各向异性比和最大变程方向进行适当的修正，即可快速地套合上各方向的实验变差函数曲线。如图 5-7 所示，黑色的沉积几何异性示意椭圆与红色的最佳套合椭圆比较相似，修正较少。但也有例外，如图 5-8 所示，两个椭圆的长轴方向相差极大，因为该层古构造约为 40°方向的狭长地区，而河流沉积方向大约为 150°方向，相差较大。

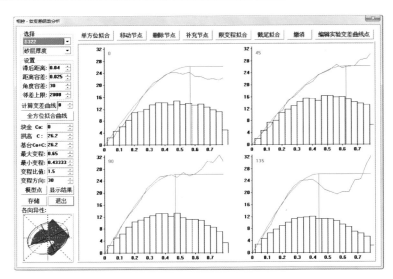

（黑色椭圆：沉积几何异性示意椭圆；红色椭圆：砂岩厚度分布的各向异性示意椭圆。）

图 5-7　某断块区断块 A Es3-II_2 小层砂岩厚度变差函数拟合图

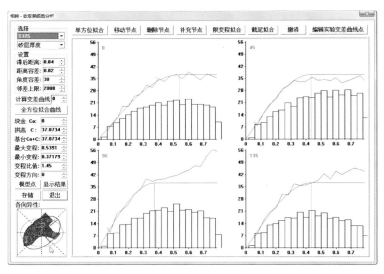

（黑色椭圆：沉积几何异性示意椭圆；红色椭圆：砂岩厚度分布的各向异性示意椭圆。）

图 5-8　某断块区断块 A Es3-II_5 小层砂岩厚度变差函数拟合图

5.4　相控地质建模软件技术

油气藏相控地质建模软件 FCRM 是基于 Visual C++平台研制的，共经过了 6 次完善和升级。软件共分为沉积微相控制模型、流体相控制模型、相控克里金展布、储层参数分布与评价、Surfer 软件绘图接口 5 个功能区，软件主界面如下图所示。

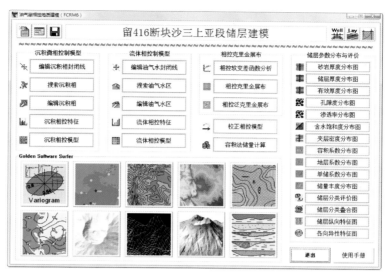

图 5-9 油气藏相控地质建模软件 FCRM6 主界面图

5.4.1 数据准备

1. 新建、编辑、保存建模工区特征

相控建模之前填写工区特征卡片，如图 5-10 所示。填写内容包括工区的名称、存放地址、网格要素、储层参数统计间距、储层参数下限、储层参数分类标准、层系结构、沉积微相约定代码和颜色、泥质沉积区储层参数参考值等等，流体相代码和颜色是固定的。

图 5-10 建模工区特征设置卡片

网格节点密度的设置原则见 2.2.1，网格间距要能整除工区长度和宽度；渗透率统计间距为对数间距，第二列为储层参数下限或上限，第三、第四列为储层分类界限；泥质沉积区代码固定为 0，颜色固定为浅绿色；可以搜索工区储层参数最小最大值，作为泥质沉积区储层参数参考值的设置参考。

2. 单砂层数据统计

根据测井解释成果表和油气综合解释，结合单井沉积微相划分结果，汇总各井各解释砂层的储层参数如表 5-1 所示。小层号为不超过 4 个字符的连续英文缩写名；孔、渗、饱数据若缺失，则用"－1"占位。

表 5-1　砂层数据统计表

井号	小层号	砂层顶深 /m	砂层底深 /m	砂岩厚度 /m	有效砂岩厚度 /m	有效厚度 /m	孔隙度 /%	渗透率 /$10^{-3}\mu m^2$	含水饱和度 /%	夹层数 /个	油气水解释	沉积微相
…	…	…	…	…	…	…	…	…	…	…	…	…
…	…	…	…	…	…	…	…	…	…	…	…	…

3. 小层数据统计

相控建模的最小单元是单砂体，也可以是小层，根据砂层数据统计各小层的储层参数如表 5-2 所示。其中，小层顶深度为顶部砂层的顶深，小层底深度为底部砂层的底深；厚度类参数为小层所有砂层的叠加厚度；孔、渗、饱为小层所有砂层的有效厚度加权平均值；若整个小层有效厚度为零，则孔、渗、饱为砂岩厚度加权平均值；若孔、渗、饱缺失，则用"－1"占位；夹层数既包括砂层内夹层，也包括砂层之间的泥质层；流体相即油气水层解释，是有效厚度优势相，有效厚度为零则是砂厚优势相；沉积微相是砂厚优势相。

若整个小层砂岩尖灭，则顶底深度用"－1"占位，厚度类参数和夹层数为零，孔、渗、饱为泥质沉积区预设值(0.1%、$0.001\times10^{-3}\mu m^2$、$100\%$)，流体相标注"尖灭"，沉积微相标注"泥质沉积"；若整个小层断失，或 90% 以上断失，则所有数值为"－9999"，流体相和沉积微相都标注"断失"；若整个小层未钻遇，或 90% 以上未钻穿，则所有数值也为"－9999"，流体相和沉积微相都标注"未穿"。

表 5-2　小层数据统计表

井号	小层号	小层顶深度 /m	小层底深度 /m	砂岩厚度 /m	有效砂岩厚度 /m	有效厚度 /m	孔隙度 /%	渗透率 /$10^{-3}\mu m^2$	含水饱和度 /%	夹层数 /个	流体相	沉积微相
…	…	…	…	…	…	…	…	…	…	…	…	…
…	…	…	…	…	…	…	…	…	…	…	…	…

4. 井斜校正

利用井斜和位移数据(见表 5-5)内插地下井位和垂直深度或海拔，对分层数据、断点数据和小层数据进行井斜校正，并且将小层数据体拆分为各小层的沉积相控建模离散数据和流体相控建模离散数据。表 5-3 所示为沉积相控建模离散数据，将沉积微相改为油气水解释即为流体相控建模离散数据。由于数据来源于实际钻井的测井解释，所以此处所有数据的可信度为 1。

表 5-3　沉积相控建模小层离散数据表

井号	东西向坐标	南北向坐标	砂岩厚度可信度	砂岩厚度	有效砂岩可信度	储层厚度	有效厚度可信度	有效厚度	孔隙度可信度	孔隙度	渗透率可信度	渗透率	含水饱和度可信度	含水饱和度	夹层数可信度	夹层数	沉积微相
	/km	/km		/m		/m		/m		/%		/$10^{-3}\mu m^2$		/%		/个	
…	…	…	1	…	1	…	1	…	1	…	1	…	1	…	1	…	…
…	…	…	1	…	1	…	1	…	1	…	1	…	1	…	1	…	…

5. 基础数据

建立工区进行相控建模还需要一些基础数据，包括井位数据、井斜位移数据、分层数据、断点数据、原油物性数据和边界线数据。

(1)建模工区钻井补心井位数据(表 5-4)。注意井名全区统一，为不超过 10 个字符的连续英文缩写名；东西向坐标即 X 坐标，南北向坐标即 Y 坐标；补心海拔为地面海拔与补心高之和。

表 5-4　井位数据表

井名	东西向坐标/km	南北向坐标/km	补心海拔/m
…	…	…	…
…	…	…	…

(2)建模工区钻井井斜位移处理数据(表 5-5)。数据为多井集成，每口井包括井名、测点数、测点井深、测点东西向位移、测点南北向位移、测点垂直井深。注意井名与井位数据中的井名要一致；测点井深范围要大于工区分层和断点的深度范围，以保证井斜校正计算是内插；直井的井底位移可以建立 0～井底深度的二点直线内插数据；未出现在表中的井则视为铅垂直井。

表 5-5　井斜位移数据表

井深/m	东西向位移/m	南北向位移/m	垂直井深/m
第 1 井名	第 1 井测点数		
测点 1 井深	测点 1 东西向位移	测点 1 南北向位移	测点 1 垂直井深
测点 2 井深	测点 2 东西向位移	测点 2 南北向位移	测点 2 垂直井深
第 2 井名	第 2 井测点数		
测点 1 井深	测点 1 东西向位移	测点 1 南北向位移	测点 1 垂直井深
测点 2 井深	测点 2 东西向位移	测点 2 南北向位移	测点 2 垂直井深
…	…	…	…

（3）建模工区钻井构造分层数据（表 5-6）。注意井名与井位数据中的井名要一致；嵌入序号为分层界面之下相邻小层的序号，即分层界面是该小层的顶界面；分层界面名称是地层对比后统一的构造面名称，一般为对应小层名称，但也可以不一样；注释为某分层界面上部地层的状态标识字符串，共 3 个字符：

第 1 字符：表示上部地层顶界面状态。"H"符号表示存在界面；"F"符号表示断失界面，界面深度为断点深度；"D"符号表示未钻遇界面，界面深度为井底深度。

第 2 字符：表示上部地层的连续性。"—"符号表示上部地层连续，无断失，全钻穿；"/"符号表示上部地层不连续，有断失，或者未钻穿。

第 3 字符：表示上部地层底界面状态，即本界面状态。规则与第 1 字符相同。

分层数据要按照嵌入序号顺序排列，必须完整，即不管是缺失还是未钻穿，每口井所包含的界面数与建模所设计的小层数目+1。

表 5-6　分层数据表

井号	嵌入序号	分层界面名称	界面深度/m	注释
…	…	…	…	H-F
…	…	…	…	F-H

（4）建模工区钻遇断点数据（表 5-7）。注意井名与井位数据中的井名要一致；断层名称为断点组合后的确定名称；断失层位为断失状态标识字符串，由断失起始小层号+"—"+断失结束小层号组成，小层号为建模所设计的小层名称。注意设计小层名称的字符数不要超过 4 个。

表 5-7　断点数据表

井号	断层名称	断点深度/m	断失厚度/m	断失层位
…	…	…	…	…
…	…	…	…	…

若正好从某小层顶界面开始断失，则小层号左侧添加"["；若正好一直断失到某小层底界面，则小层号右侧添加"]"；若从工区以外地层一直断失到工区以内，则无起始小层号或结束小层号。

（5）储量计算的原油物性数据和储量参数下限数据（表 5-8）。注意原油重度为单位体积的地面脱气原油重量，与原油密度数据数值相同；体积系数为原始地层压力下获得单位体积地面脱气原油所需地下原油的体积；有效厚度为储量计算的起算厚度，一般为 0.2m；孔隙度和渗透率为储量计算的储层参数下限，含水饱和度为储量计算的储层参数上限，孔、渗、饱一般等于建模工区所设计的数值，但也可以进行调整。

表 5-8　原油物性和储量计算参数下限数据表

层号	原油重度 /(t/m³)	体积系数 /(m³/m³)	有效厚度 /m	孔隙度 /%	渗透率 /$10^{-3} \mu m^2$	含水饱和度 /%
…	…	…	…	…	…	…
…	…	…	…	…	…	…

(6)建模工区边界线数据(表 5-9)。注意边界线为闭合线,为所有小层的共同边界,也许小层可能有独自的边界,但不能超过工区边界。若工区和各小层均无边界线数据,则以建模工区所设计的矩形网格范围为边界。

表 5-9　工区建模边界数据表

数据点数 n	
X-Bj	Y-Bj
...	...

5.4.2　沉积微相控制模型

1. 数值化沉积微相边界线

以沉积微相图为依据,结合单井相和储层物性,编绘和数值化沉积微相边界线。对于砂体不连续分布的微相,以砂体尖灭线为准。

工作界面如图 5-11 所示,功能包括:单井标注、图形放大、缩小和移动;选层、选线、选相、选点和位置编辑;曲线移动、旋转、缩放、平滑、补充点、删除点;新插入线、删除线、剪断线、连接线、线间内插线;曲线点点吸附、点线吸附;曲线闭合、反序、查错、保存和曲线排列顺序调节等。曲线数据点的排列顺序为逆时针方向,曲线之间的排列顺序为"内线靠前"。

图形窗以断层线、工区边界线、湖岸线或海岸线为背景,并可以标注单井各种储层参数和沉积微相代码。井点符号表示:●钻遇砂层、○砂层尖灭、△顶部断失、▽底部断失、△▽中部断失、⊥断至底、⊤断至顶、×全断失。

2. 搜索沉积微相网格数据

利用上述沉积微相边界线的包罗关系和排列顺序,判断网格节点和井点的沉积微相,并赋予沉积微相代码,形成井层统一的沉积微相网格数据和单井沉积微相数据。其中,平面上位于工区边界之外的网格节点,沉积微相代码赋予"-1"。

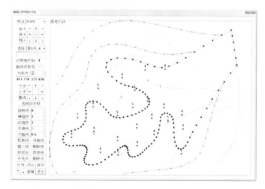

图 5-11　数值化沉积微相边界线工作界面

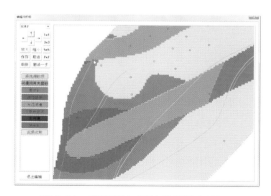

图 5-12　沉积微相网格数据编辑界面

3. 编辑沉积微相网格数据

对沉积微相网格数据搜索结果不满意，或者发现有错误和瑕疵，可以进行网格节点编辑，如图 5-12 所示。界面包括缩放、移动、保存、取消修改、取消一步修改和刷新，刷新同时具有查错功能。选择左窗沉积微相，点击右窗可以改变当前点的沉积微相，当前点有 1×1、3×3、5×5、7×7 四种大小供选择。

通过对沉积微相分布的数值化和编辑，建立每一个小层的沉积微相代码网格数据，并且获得与沉积微相一致的单井离散数据，完成沉积相控建模的第一步骤。

4. 统计沉积微相储层特征

通过对单井离散数据的统计，可以拟合整个工区、各油组、各小层的砂岩厚度、孔隙度、渗透率和夹层密度在每一种沉积微相类型的分布频率曲线和累积分布频率曲线，如图 5-13 所示。其中，夹层密度为 10m 砂的夹层个数。

并且统计钻遇砂层数、最小值、最大值、主要范围最小值、主要范围最大值、低值比例、中间值比例、高值比例、概率熵、均差、均值、峰值、预测值、预测值频率、预测值概率。其中，主要范围为频率 5％ 以上的范围；低值、中间值、高值为储层分类所划定的限；概率熵为下式所定义，反映储层参数分布的集中程度，概率熵越小，分布越集中，概率熵越大，分布越分散，非均质越强；预测值为最具代表性的参数值，一般间于均值和峰值之间；预测值概率为预测值频率对应的正态概率。

$$S = -\sum_{i=1}^{N} P_i \ln P_i, \ P_i > 0 \tag{5-21}$$

式中，N 为频率分布区间数，P_i 为分布频率（小数），S 为概率熵，理论上在 $0 \sim \ln N$ 之间。不同储层参数的概率熵不能对比，但若以 $\ln N$ 归一化后可以相互比较。

界面中可以选层、选储层参数、选特征参数、选沉积微相，也可以在频率曲线图和特征参数分布对比图之间切换，而频率曲线图上可以通过调整预测值进行手工拟合。在小层中，直方图可能会因井点少不足以体现统计特征，此时频率曲线和累积频率曲线的拟合要参考小层所属油组的频率曲线，甚至参考全工区的频率曲线。总之，要合理地拟合各层各相各参数的统计特征，完成相控建模的第二步骤。

5. 建立沉积相控地质趋势模型

在实际钻井之间加密虚拟井位，并调整和审定虚拟井位，从而建立沉积微相控制趋势模型。三角蛇行搜索法可以实现自动加密虚拟井位，请见本章 5.1 节。相控地质趋势模型的建立方法请见本章 5.2 节，图 5-14 所示为建立相控地质趋势模型的工作界面。

工作界面包括选层、选参数、放大、缩小、上下左右移动、补充、删除、移动、自动加密和建立相控地质趋势模型等功能。自动加密用加密系数进行加密程度控制，加密系数是平均加密井距与实际钻井平均井距之比，限制在 0.1～1，加密系数越小，加密后井网密度越大。补充、删除、移动为手动编辑虚拟井位，可以人为调节虚拟井位置，直到满意为止。图形窗默认显示沉积微相分布图，可以通过选择储层参数来改变图形窗中的分布图，储层参数有沉积微相、砂岩厚度、储层厚度、孔隙度、渗透率、夹层密度（夹层个数/10m 砂）。图形窗中空心圆点为实际钻井，中心带点的圆点为虚拟井，通过点击分布图工区内任意位置，可以在左侧数据窗中了解该位置所有储层信息。

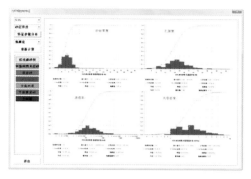

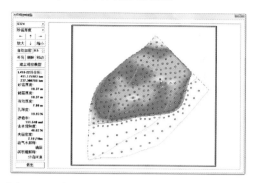

图 5-13　沉积微相储层特征统计界面　　　　　图 5-14　建立沉积微相控制趋势模型工作界面

通过该工作界面，建立每一个小层的砂岩厚度、储层厚度、孔隙度、渗透率、夹层密度相控地质趋势网格数据，并且获得单井这些储层参数的离散数据，完成沉积相控建模的第三步骤。单井离散数据中，实际钻井的数据可信度为 1，虚拟井的数据可信度小于 1，由相控地质趋势建模中获得，其泥质沉积区为可信度 1 的泥质参数数据。

5.4.3　流体相控制模型

1.　数值化流体相边界线

流体相即油气水分布，以沉积微相和砂体分布为背景，以最终落实的单井含油气性为依据，结合油气层的孔隙度、渗透率、含水饱和度、顶界面构造起伏和断层遮挡，研究单层每一个含油气区块的成因，确定闭合边界类型，编绘和数值化流体相边界线。

工作界面如图 5-15 所示，功能包括：单井标注、图形放大、缩小和移动；选层、选线、选相、选点和位置编辑；曲线移动、旋转、缩放、平滑、补点、删点；补线、删线、剪断线、连接线；曲线点点吸附、点线吸附；曲线反序、查错、保存和曲线排列顺序调节等。曲线数据点的排列顺序为逆时针方向，曲线之间的排列顺序为"内线靠前"。

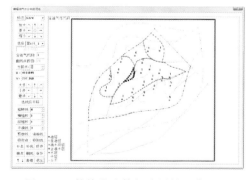

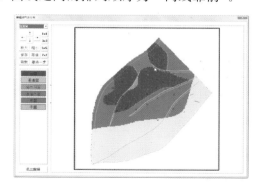

图 5-15　数值化流体相边界线工作界面　　　　　图 5-16　流体相网格数据编辑界面

图形窗以断层线、工区边界线、沉积微相边界线、湖岸线或海岸线为背景。井点以不同颜色的符号●表示不同含油气性，并可以标注单井各种储层参数、构造海拔和流体相代码。

2. 搜索流体相网格数据

利用上述流体相封闭边界线的包罗关系和排列顺序，判断网格节点和井点的含油气性，即流体相，并赋予流体相代码，形成井层统一的流体相网格数据和单井流体相数据。其中，平面上位于工区边界之外的网格节点，流体相代码赋予"−1"。

3. 编辑流体相网格数据

对流体相网格数据搜索结果不满意，或者发现有错误和瑕疵，可以进行网格节点编辑，如图 5-16 所示。界面包括缩放、移动、保存、取消修改、取消一步修改和刷新，刷新同时具有查错功能。选择左窗流体相，点击右窗可以改变当前点的流体相，当前点有 1×1、3×3、5×5、7×7 四种大小供选择。

通过对流体相分布的数值化和编辑，建立每一个小层的流体相代码网格数据，并且获得流体相一致的单井离散数据，完成复合相控建模的第一步骤。

4. 统计流体相特征

通过对单井离散数据的统计，可以拟合整个工区、各油组、各小层的净储比和含水饱和度在每一种流体相类型的分布频率曲线和累积分布频率曲线，如图 5-17 所示。其中，干层、水层、含油水层或含气水层的净储比为零，无统计曲线。统计特征参数和拟合说明与 5.4.2(4) 相同，通过该工作界面完成复合相控建模的第二步骤。

5. 建立复合相控地质趋势模型

以沉积微相控制的井网为基础，检查实际钻井和已有虚拟井对油水边界或气水边界，以及含油气分布区的控制程度，通过手动微调，审定虚拟井位，从而建立流体相控制的净储比和含水饱和度趋势模型。利用沉积相控砂岩厚度趋势模型与流体相控净储比趋势模型相乘，最后获得复合相控的有效厚度趋势模型。工作界面如图 5-18 所示。

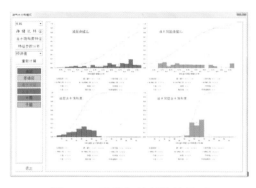　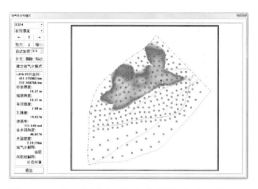

图 5-17　流体相特征统计界面　　　　　　图 5-18　建立复合相控地质趋势模型工作界面

界面包括选层、选参数、放大、缩小、上下左右移动、补充、删除、移动、自动加密和建立油气水相控地质趋势模型等功能。自动加密与前相同，但仍然仅考虑沉积微相自动加密虚拟井，要考虑流体相分布则需手动调整。其他与前相同。

通过该工作界面，补充建立每一个小层的有效厚度和含水饱和度相控地质趋势网格数据，并且获得单井有效厚度和含水饱和度的离散数据，完成复合相控建模的第三步骤。单井离散数据中，实际钻井的有效厚度和含水饱和度数据可信度为 1，虚拟井的有效厚度和含水饱和度数据可信度小于 1，由相控地质趋势建模中获得，其干层、水层、含油水层或含气水层的有效厚度为零，可信度为 1。

5.4.4　相控克里金展布

1．相控软变差函数分析

利用实际钻井储层参数和虚拟井灰色数据，以沉积微相或流体相分布特征筛选连续变化点对，并考虑数据可信度，计算 4 个方向的软实验变差函数曲线；在相控地质趋势模型计算的实验变差函数曲线的参考下，运用多级球形叠合模型最优拟合技术，拟合各方向的软实验变差函数曲线；在沉积微相分布计算的各向异性比和最大变程方向的参考下，套合拟合各方向的实验变差函数曲线，获得多级球形套合理论变差函数模型。工作界面如图 5-19 所示。

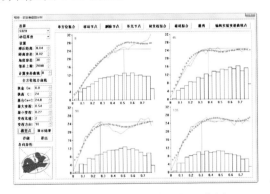
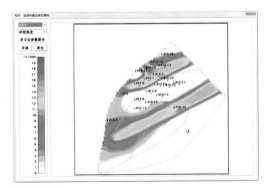

图 5-19　软变差函数拟合分析工作界面　　　　图 5-20　相控普通克里金展布界面

界面包括选层、选参数；设置滞后距、距离容差、角度容差、邻差上限；选择方向计算实验变差函数曲线；自动套合拟合各方向变差函数曲线；调节块金、拱高、基台、最大变程、最小变程、最大最小变程比（各向异性比）、最大变程方向；计算和显示趋势模型实验变差函数曲线点；显示所有层变差函数分析结果；展示沉积微相分布、各向异性参考椭圆图和套合结果；单方向拟合、移动节点（变差函数叠加点）、删除节点、补充节点、限变程拟合、截尾拟合、撤销（前述操作）、编辑实验变差函数曲线点。图中折线为实验变差函数曲线，曲线为拟合的理论变差函数曲线，圆点是趋势模型数据计算的实验变差函数曲线点，直方图表示点对数目相对大小。

2. 相控克里金展布

利用实际钻井储层参数和虚拟井灰色数据，以沉积微相或流体相分布特征筛选待估点邻域内的连续数据，并考虑局部各向异性方向的变化，在沉积微相和流体相的约束下，运用克里金方法展布储层参数。工作界面如图 5-20 所示。界面中可以选层、选参数、设置等值线（图 5-21）等。等值线可以等间距、等比间距、不等间距。

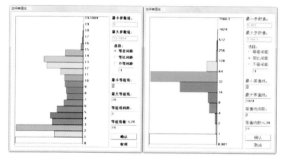 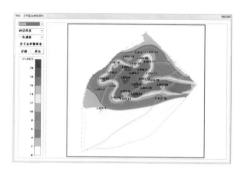

图 5-21　等值线设置界面图　　　　图 5-22　相控泛克里金展布界面

3. 相控泛克里金展布

与上相似，相控泛克里金展布工作界面如图 5-22 所示，界面中只增加了漂移选择。

4. 校正相控模型

建立所有储层参数在所有小层的分布模型以后，如果不满意，并认为是相控趋势模型的问题。此时可以储层参数分布为依据，经过平滑和校正后回代到相控趋势模型，并且重新进行相控克里金展布。

5.4.5　储层参数分布与评价

1. 储层参数分布图

编绘相控建模所建立的砂岩厚度、储层厚度（为数模专用）、有效厚度、孔隙度、渗透率、含水饱和度和夹层密度等参数分布图，如图 5-23 所示。界面中可以选层、设置等值线、设置单井标注内容和图形比例，也可以鼠标选择移动图形和比例。图形有粗糙和精细两种状态可以转换，默认为粗糙的网格颜色块显示图形；图形可以平滑网格一次，也可以恢复原来网格。

单井标注内容有：井号、构造顶界深度、构造底界深度、构造顶界海拔、构造底界海拔、地层厚度、砂岩厚度、储层厚度、有效厚度、孔隙度、渗透率、含水饱和度、夹层密度、砂地比、净储比、容积系数、地层系数、单储系数、储量丰度、沉积微相、油气水解释等。

选层可以选择单个小层，也可以选择油组或整个工区。若选择油组或整个工区，图形显示内容为网格数据叠合或平均以后的图形，单井标注也如此，如图 5-24 所示。孔隙度、渗透率和夹层密度以单层砂岩厚度加权平均；含水饱和度以单层有效厚度加权平均，若所有层均无有效厚度，则以单层砂岩厚度加权平均。

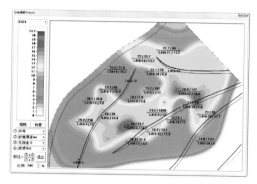

图 5-23　单层储层参数分布图

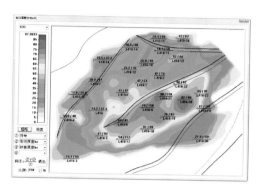

图 5-24　叠层储层参数分布图

2. 储层组合参数分布图

编绘储层组合参数分布图，有：容积系数(孔隙度×有效厚度)、地层系数(渗透率×有效厚度)、单储系数、储量丰度等，如图 5-25 所示。

油藏：

$$单储系数 = 0.01 \times \gamma_o \times \phi \times (100 - S_w)/B_{oi}，(10^4\,t/km^2 \cdot m) \tag{5-22}$$

$$储量丰度 = 0.01 \times \gamma_o \times h_o \times \phi \times (100 - S_w)/B_{oi}，(10^4\,t/km^2) \tag{5-23}$$

气藏：

$$单储系数 = 10^{-6} \times \phi \times (100 - S_w)/B_{gi}，(10^8\,m^3/km^2 \cdot m) \tag{5-24}$$

$$储量丰度 = 10^{-6} \times h_o \times \phi \times (100 - S_w)/B_{gi}，(10^8\,m^3/km^2) \tag{5-25}$$

式中，γ_o 为地面脱气原油重度，t/m^3；B_{oi} 为原始地层压力下原油的体积系数，小数；B_{gi} 为原始地层压力下天然气的体积系数，小数；h_o 为有效厚度，m；ϕ 为孔隙度，%；S_w 为含水饱和度，%。

计算叠层的组合储层参数，依据先组合后叠合或平均的原则。容积系数、地层系数和储量丰度为叠合参数，单储系数为平均参数，用有效厚度加权平均。

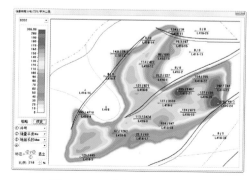

图 5-25　组合储层参数分布图

图 5-26　容积法储量计算工作界面

3. 容积法储量计算

采用容积法计算石油与天然气地质储量，计算工作界面如图 5-26 所示，计算公式如下式。

$$石油储量 = 0.01 \times \gamma_o \times A_o \times h_o \times \phi \times (100 - S_w)/B_{oi}，（10^4 t） \tag{5-26}$$

$$天然气储量 = 10^{-6} \times h_o \times A_o \times \phi \times (100 - S_w)/B_{gi}，（10^8 m^3） \tag{5-27}$$

式中，A_o 为含油或含气面积，km^2，其他参数同上。

工作界面中有三种储量丰度平均计算方法，分别对应单井法储量、网格法储量和丰度法储量。其中，丰度法储量由于是每个符合储量计算条件的网格块储量计算之和，没有计算平均储量丰度，因此比前两种方法更合理，更精确。

(1)单井法储量＝单井平均储量丰度×含油或含气面积。

(2)网格法储量＝网格平均储量丰度×含油或含气面积。

(3)丰度法储量＝Σ(网格储量丰度×网格面积)。

工作界面中显示了各层、各油组和整个工区的储量参数和储量计算结果。可以修改原油物性、起算有效厚度、孔隙度下限、渗透率下限、含水饱和度上限；可以分别计算，也可以全部计算，并保存储量计算结果。

4. 储层分类评价

运用相控建模的砂岩厚度、储层厚度、有效厚度、孔隙度、渗透率、含水饱和度、夹层密度、容积系数、地层系数、单储系数、储量丰度等任意两个储层参数的网格数据进行叠合分类评价。两个储层参数分别以 3 个界限各自分为 4 类，然后以交集(and)或并集(or)的方式进行组合，最后将储层分为 5 类(交集)或 3 类(并集)以及非储层，工作界面如图 5-27 所示。

界面中包括选层、选择分类参数、设置分类界限、分类图标、移动、缩放、保存等功能；交集和并集可以互相转换；分类结果可以过滤孤立点和边界细长条带地区，分配给相邻或相似的储层类型，美化分类结果；全分类是将同样的分类标准和原则，运用到整个工区所有小层进行统一分类；全分布是统计整个工区所有小层的储层参数直方分布图，供设置分类界限时参考，如图 5-28 所示。分类图中单井标注的是分类参数，顺序排列。

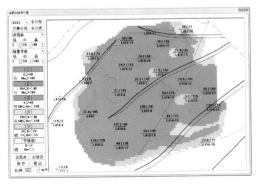 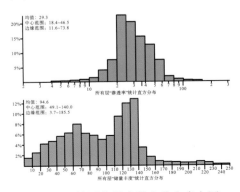

图 5-27　储层分类评价工作界面图　　　　　图 5-28　储层分类参数全分布直方图

5. 储层分类厚度叠合

运用储层分类评价结果，叠合各类储层的有效厚度或储量丰度，得到各油组或整个工区的有效厚度或者储量丰度分布图，工作界面如图 5-29 所示。包括选层、选类、选择参数、颜色柱子、方块图和像素图转换、平滑和恢复转换、叠合统计计算、移动和缩放等功能。如果储层分类有所改动，则需要重新进行叠合统计。

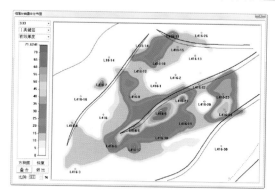

图 5-29　储层分类参数全分布直方图

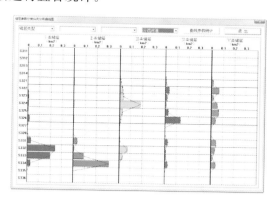

图 5-30　储层参数统计纵向分布图

6. 储层纵向特征分布

运用相控建模网格数据，按照储层分类、油气层参数、砂层参数、沉积微相等进行任意组合，统计各小层平均值或累计值，绘制纵向分布图。油气层参数包括：含油气面积、有效厚度、孔隙度、渗透率、含水饱和度和储量。砂层参数包括：砂岩分布面积、砂岩厚度、夹层密度和夹层数，工作界面如图 5-30 所示。如果上述参数有任何变化，需要重新进行"曲线参数统计"。

对比分析砂体在不同沉积微相的发育程度，可以组合沉积微相与各种砂层参数分布图；对比分析各沉积微相的含油气性、储量及其物性好坏，可以组合沉积微相与各种油气层参数分布图；对比分析各类储层在不同沉积微相的发育情况，可以组合沉积微相与各类储层面积分布图；对比分析各类储层的储量参数和储量分布特征，可以组合储层类型和油气层参数分布图。

总之，在该工作界面，可以按照研究分析所需和要求，组合成各类储层参数纵向分布图，进行储量分布、储层类型、孔渗性和含油气性的小层间和微相间对比分析和研究。

7. 各向异性特征图

运用相控变差函数拟合分析结果，绘制储层参数变差函数曲线的块金、拱高、基台、最小变程、最大变程、各向异性比（最大最小变程比）、最大变程方向、变差变化率、变差比率等特征参数纵向分布曲线图，如图 5-31 所示。

变差变化率分最小变差变化率和最大变差变化率，分别代表了储层参数的最缓慢变化程度和最剧烈变化程度。若为河流沉积，则最小变差变化率代表了河流走向变化程度，最大变差变化率代表了河岸方向变化程度。

变差比率分为内部和边部，内部指砂体分布区，边部指砂体尖灭区。若所有数据点对计算的变差值称为总变差，则内部变差比率理解为砂体分布区内部的数据点对计算的变差值与总变差之比，边部变差比率理解为分跨砂体分布区内部和外部的数据点对计算的变差值与总变差之比。

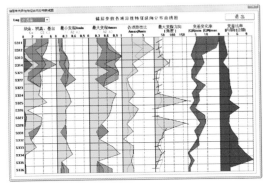

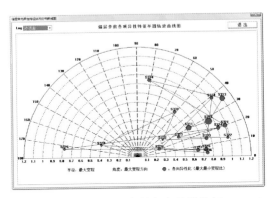

图 5-31　储层参数各向异性特征　　　　　　　　图 5-32　储层参数各向异性特征
　　　　纵向分布曲线图　　　　　　　　　　　　　　半圆轨迹曲线图

内部变差比率和边部变差比率分别表示了砂体内部和边部的储层参数在总变差里的相对含量，表征内部和边部变化的相对剧烈程度。通常储层参数边部变差比率＞内部变差比率，但也有例外，如含水饱和度有时内部变差比率＞边部变差比率。块金等其他特征参数的物理意义见 2.2.5.1。

点击分布图可以弹出相应参数的半圆轨迹曲线图，如图 5-32 所示。图中数据点大小表示各向异性比的大小，半径表示最大变程(km)，角度为最大变程方向。该图反映了各向异性在小层之间的变化规律，可结合砂岩厚度分布图，半定量地分析沉积期间物源方向的变化和河流的发育及变迁规律。

8. FCRM6 软件与 Surfer 软件的接口

Surfer 软件不仅具有绘制等值线图、散点图、分类散点图、影像图、渐变地形图、矢量图、网格曲面图、仿真图等图形的功能，而且具有数据结构分析、预测、微分等功能，同时也具有底图、文字、点、折线、直角矩形、秃角矩形、椭圆、多边形等一般绘图功能。并且，可进行放大、缩小、移动、拷贝、粘贴、位图导入、导出、图元树管理、数据输入、输出、数值化、编辑等操作，极为方便。与其他类似软件相比，在油田和院所等科研单位使用较多，是小型化的科研绘图工具。

"油气藏相控地质建模软件" FCRM6 所有的网格数据格式均与 Surfer 软件兼容，并且开发了与其绘图功能的接口，如图 5-33 所示。点击即能选层、选择参数、选择比例和纸张后进入 Surfer 软件绘图界面，绘出相应图形类型的储层参数分布图。

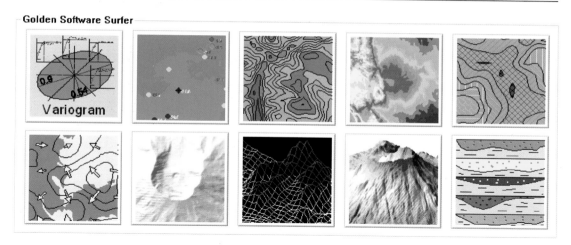

图 5-33　FCRM6 软件与 Surfer 软件接口

第6章 应用实例

本书所介绍的油气藏相控地质建模技术，从 1999 年开始研究至今，先后在胜利、长庆、青海、中原、华北和四川等油气田进行了长期应用和不断完善，下面介绍几个关键油气藏的应用成果，供读者进一步理解和掌握油气藏相控地质建模技术，为相关工作提供参考。

6.1 孤岛油田中一区 11J11 井区 Ng3~6 砂层组井间参数预测研究

研究时间：1999~2000 年。

6.1.1 概况

孤岛油田中一区 11J11 井区 Ng3~6 砂层组面积小，注水开发后期，为曲流河和辫状河沉积体系，无断层，裂缝不发育。砂体纵向上分布较连续，但横向变化大，并且沉积微相变化尺度较小(图 6-1)，致使储层参数变化大，非均质性较强。虽然该区井网较密，但仍然大于沉积微相和储层参数变化尺度，井间已知信息不足，井间参数预测难度较大。

孤岛油田 1971 年 11 月投产，1973 年 4 月转注，2000 年已进入特高含水开发期。根据前人的研究，该区在 1984 年以前处于低含水期，1984 年以后进入中高含水期，1991年以后则进入特高含水期。11J11 井区钻井共约 246 口，为了本次研究的需要，也为了方法的验证，抽稀为 91 口井。其中，1968~1983 年低含水期钻井 41 口，1984~1990 年中高含水期钻井 28 口，1991~1999 年特高含水期钻井 22 口。

1. 研究目的

孤岛油田中一区 Ng 陶组储层岩石疏松，在注入水的长期冲刷下，油井出砂严重，储层孔隙度和渗透率变化明显。以 11J11 井区为例，研究特高含水时期疏松砂岩油藏储层参数的井间预测方法，建立储层参数分布模型，为后续数值模拟提供静态数值模型，为油田综合调整方案的制定奠定基础，并且达到在全油田推广的目的。

2. 研究思路

通过取芯室内驱替实验，研究水驱疏松砂岩的孔渗变化规律，研究孔渗校正方法；开展层序地层学和沉积微相研究，以沉积微相控制对井间储层参数进行预测，建立现今储层参数分布模型，开发相控建模软件；采用油藏工程方法计算剩余油分布，评价剩余油挖潜有利区。

3.　研究难点

(1)研究现今孔渗参数分布,而非原始孔渗参数;

(2)不同时期钻井利用测井解释获取的孔渗数据至今已发生较大变化,因此不同时期钻井不能混合使用,而现今特高含水时期钻井较少,如何利用早期钻井进行储层参数建模;

(3)井间储层参数预测的合理性及精度验证;

(4)水淹井测井解释方法。

4.　研究内容和方法

1)基础研究内容:沉积微相和地层划分与对比

研究 Ng3~6 砂层组沉积微相及砂体分布,为建立"相控模型"提供地质依据;同时,对工区内取芯井进行高分辨率层序地层学的研究,进行层序界面的识别和划分,进行等时对比,建立单砂层地层格架模型。

2)核心研究内容:井间参数预测模型研究

应用测井解释成果和岩芯分析资料确定砂体的孔、渗、饱等参数,建立不同层序旋回中沉积微相和储层参数之间的关系,并建立"相控模型";在单井研究的基础上,利用"相控模型"进行虚拟井储层参数预测,采用"相控-克里金"参数预测模型进行井间参数预测,并编制 Ng3~6 砂层组的井间参数平面分布图及空间展布图,为后期数值模拟和剩余油分布研究提供砂岩厚度、孔隙度、渗透率、含水饱和度等数值模型。

3)成果验证方法

用该区 246 口井中的 91 口井(其余为过路井),采用相控-克里金建模技术,建立储层参数分布模型,利用余下的 155 口过路井验证建模结果,失败率不超过 6%。

6.1.2　相关研究成果

1.　沉积相研究成果

根据沉积微相确定标志,通过对区内取芯井(中 12-检 411、中 14-N15、渤 105、渤 107、渤 108)的岩芯观察,结合各砂层组的沉积特征及其相应的测井相特征,识别出区内馆陶组沉积相类型如表 6-1 所示,代表性沉积微相分布如图 6-1 所示。

2.　高分辨率层序地层对比研究成果

根据馆上段的沉积背景,遵循"大规模侵蚀作用的存在和短期旋回叠加样式组合"的原则,将 Ng3~6 分为四个中期基准面旋回,由上至下依次标记为:MSC1~4(图 6-2)。

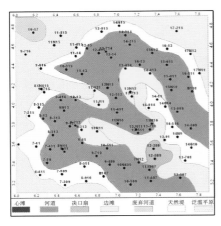
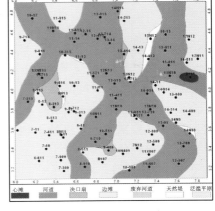

Ng3³小层(曲流河沉积)　　　　　　　　Ng5⁶小层(辫状河沉积)

图 6-1　孤岛油田中一区 11J11 井区 Ng3～6 砂层组代表性沉积微相分布图

表 6-1　孤岛油田中一区 11J11 井区 Ng3～6 砂层组沉积相类型

沉积相	沉积亚相	沉积微相	分布层位
曲流河	河道亚相	河道、边滩、废弃河道	Ng3～4
	堤泛亚相	决口扇、天然堤、泛滥平原	
辫状河	河道亚相	河道、心滩	Ng5～6
	堤泛亚相	决口扇、天然堤、泛滥平原	

　　MSC1：上升半旋回主要为低可容纳空间条件下沉积的多期河道砂体叠置的厚砂体，是由多个短期基准面旋回所构成，这些短期旋回为河道－天然堤－洪泛平原和河道－洪泛平原组合，叠加祥式有进积型、加积型和退积型，但在不同钻井中所表现形式不同。而下降半旋回则由多个相对高容纳空间条件下沉积的短期基准面旋回叠加构成。总体上，该中期基准面旋回完整，具对称性。

　　MSC2：上升半旋回特征与 MSC1 类似，由复合的河道砂体构成，短期旋回的构成为河道－洪泛平原－决口扇组合，而下降半旋回则为天然堤－洪泛平原组合的构成。总体上，该中期基准面旋回的上升半旋回厚度大于下降半旋回，具不对称性。

　　MSC3：上升半旋回总体上厚度小，主要由复合的河道砂体构成，下降半旋回厚度大，构成该下降半旋回的短期旋回为天然

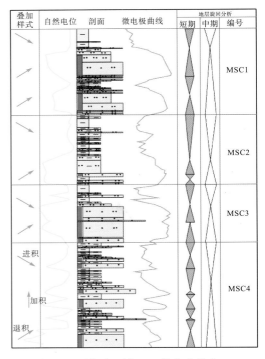

图 6-2　孤岛油田渤 107 井高分辨率
地层旋回划分图

堤－洪泛平原组合或河道－洪泛平原组合，叠加样式有进积型和退积型。

MSC4：特征与其他旋回类似，但组成上升半旋回的砂体的规模和厚度更大，构成该上升半旋回的短期旋回由河道－堤泛平原和河道－洪泛平原－决口扇组合构成，叠加样式主要为退积型。下降半旋回则厚度小，主要由天然堤－泛滥平原组合构成。总体上，该中期基准面旋回具明显的不对称性，上升半旋回远大于下降半旋回。

四个中期基准面旋回分别对应 4 个砂层组，由上至下依次为 Ng3、Ng4、Ng5、Ng6 砂层组（图 6-3），共划分小层：Ng3^1、3^2、3^3、3^4、3^5；Ng4^1、4^2、4^3、4^4；Ng5^1、5^2、5^3、5^4、5^5、5^6；Ng6^{1+2}、6^3、6^4、6^5 等 19 个。

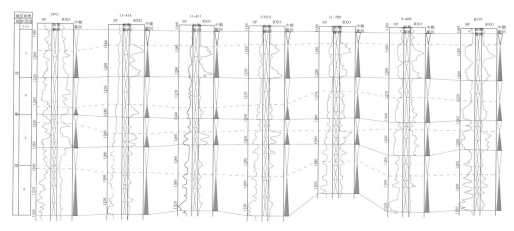

图 6-3　孤岛油田中一区 11J11 井区 Ng3～6 砂层组高分辨率基准面旋回对比图

3. 注水对疏松砂岩储层的影响

根据孤岛油田中一区开发初期钻井和特高含水期钻井取芯测试物性平均值的对比可以看出，在长期的注水冲刷下，储层物性变化较大，如表 6-2 所示。注水使疏松砂岩的粉细粒成分减少，使黏土矿物的结构被破坏，它们随着油井产水被带出地层，从而使粒度中值增大，泥质含量减小，孔隙度增加，渗透率增加。

表 6-2　孤岛油田中一区 Ng3～6 砂层组取芯测试物性对比表

参数	开发初期		特高含水期		增大或减小的平均值		增大或减小的百分比/%	
	Ng3	Ng4	Ng3	Ng4	Ng3	Ng4	Ng3	Ng4
孔隙度/%	34.63	34.43	36.52	36.24	1.89	1.81	5.46	5.26
粒度中值/mm	0.1505	0.15	0.1595	0.1557	0.009	0.0057	5.98	3.8
渗透率/10^{-3} μm^2	1111	1085	16078	15645	14966	14559	1346	1341
泥质含量/%	7.97	8.01	1.4	1.44	−6.57	−6.57	−82.4	−82.0

根据渤 108 井 4 块取芯岩样水驱实验数据，驱替 72 小时后，孔隙度增加了 0.1%～0.44%，继续驱替到 144 小时后，孔隙度再次增加 0.14%～0.16%，共计增加 0.25%～0.6%，平均增加 0.44%。相应的渗透率，驱替 72 小时后，渗透率增加 1.43～2.01 倍，

继续驱替到 144 小时后，渗透率再次增加 1.37～4.92 倍，共计增加 1.96～9.77 倍，平均增加 6.63 倍，如图 6-4 和表 6-3 所示。

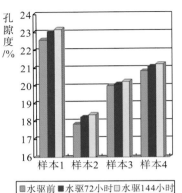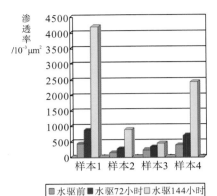

图 6-4　孤岛油田渤 108 井取芯岩样水驱实验孔、渗数据直方图

表 6-3　孤岛油田渤 108 井取芯岩样水驱实验孔、渗数据表

样本号	1		2		3		4	
参数	孔隙度 /%	渗透率 /$10^{-3}\mu m^2$	孔隙度 /%	渗透率 /$10^{-3}\mu m^2$	孔隙度 /%	渗透率 /$10^{-3}\mu m^2$	孔隙度 /%	渗透率 /$10^{-3}\mu m^2$
水驱前	22.60	429	17.88	146	20.02	228	20.86	389
水驱 72 小时	23.04	864	18.26	266	20.12	326	21.10	694
水驱 144 小时	23.20	4195	18.40	882	20.27	446	21.24	2416

　　结合现场更多水驱实验数据分析认为，在注入水的长期冲刷下，疏松岩石孔隙中的部分泥质颗粒和胶结不好的粉细砂粒被水带走，致使孔隙度增加，由于第二次驱替的增值低于第一次驱替的增值，所以孔隙度是减速递增；同样理由，喉道中的部分泥质颗粒被水带走，喉道加宽，渗流更加畅通，致使渗透率增加，但第二次驱替的增值明显大于第一次驱替的增值，所以渗透率是加速递增。

　　注水使孔、渗的增加值与其原始的物性好坏和分散性泥质有关。原始物性好，则水驱效果好，孔、渗增加大而快；原始物性相对较差，则水驱效果不好，孔渗增加小而慢。但也有例外，如样本 3，渗透率并未出现加速递增，渗透率虽较样本 2 大，但水驱 144 小时后，其渗透率反较样本 2 要小，这与其泥质颗粒在孔隙中的分布位置有关。

4.　水淹井测井解释及物性关系

　　利用特高含水期的两口取芯井(11J11、12J411)，采用神经网络方法建模，对中一区 11J11 井区特高含水期的 22 口测井重新进行了解释。建模解释中充分考虑了特高含水期注入水对储层电性的影响，如声波时差的增大、电阻率的下降和自然电位基线的偏移等。然后利用单井单层统计的数据，对储层的砂岩厚度、孔隙度、渗透率和含水饱和度之间的关系进行了全面的研究。

　　在特高含水期，由于孔隙度的增大对应渗透率的加速增大，所以，在特高含水期，单层平均孔渗仍具有较好的半对数直线关系(图 6-5 左图)。

　　在特高含水期，单层平均孔饱关系外凸，已不再成双对数下凹曲线关系，有较为明显的反向趋势（图 6-5 中图）。由于特高孔的疏松砂岩孔、渗特高，渗透率级差大，受层内严重的不均匀吸水影响，单层平均含水饱和度上升不多；而低孔层原本含水饱和度较高，因而上升也不多；中高孔油层渗透率级差相对较小，层内吸水相对较均匀，单层平均含水饱和度上升大，所以单层平均孔饱关系外凸。

　　由于该区砂层较厚，渗透率一般较高，注入水"下锲"严重，上部吸水较少，含水饱和度上升较少，使单层平均含水饱和度偏小，而渗透率较小的薄油层，由于渗透率级差较小，吸水较为均匀，含水饱和度普遍上升，单层平均含水饱和度大，造成单层平均含水饱和度随单层平均渗透率增大而降低的现象，这就是该区特高含水期油井含水上升快，水淹严重，剩余油高度分散的根本原因（图 6-5 右图）。

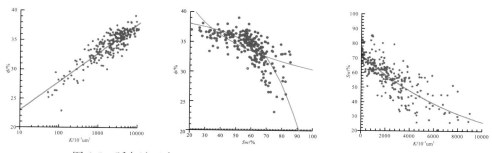

图 6-5　孤岛油田中一区 Ng3～6 砂层组测井解释孔、渗、饱关系图

　　由于该区砂层较厚，渗透率一般较高，在特高含水期，单层平均孔、渗与砂层厚度关系变得较为密切，单层平均孔隙度与砂层厚度成半对数趋势关系（图 6-6 左图），单层平均渗透率与砂层厚度成双对数趋势关系（图 6-6 中图）。

　　在特高含水期，由于孔、渗与砂层厚度关系密切，而孔、渗与含水饱和度又有关系，所以使单层平均含水饱和度与砂层厚度的关系也变得较为密切，成半对数趋势关系。但受吸水程度不均匀的影响，部分出现异常（图 6-6 右图）。

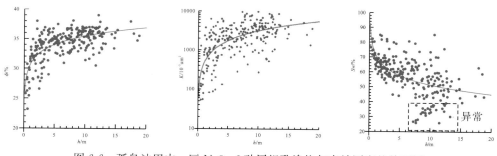

图 6-6　孤岛油田中一区 Ng3～6 砂层组孔渗饱与有效厚度的关系图

　　通过上述物性关系分析得出两点结论：

　　（1）由于孤岛油田馆上段为正韵律砂岩，下粗上细，主力厚油层内下部物性好于上部，在不均匀的注水冲洗下，使本就严重的非均质性进一步加剧，层内矛盾和平面矛盾更加严重，含水饱和度分布不均匀，油井含水上升快，水淹严重，剩余油高度分散，开采难度加大。

（2）疏松砂岩储层特高含水期孔、渗虽然已发生了很大变化，但在注入水的疏导作用下，泥质等不规律性因素得到了减弱，孔、渗、饱和砂岩厚度等储层参数之间的关系不仅未减弱，反而更加明显，使其更加依赖于沉积相。

5. 单井数据校正

由于本地区目前已进入特高含水开发期，而在特高含水期所钻井较少，且呈小块状分布，要达到目前特高含水期井间参数预测的目的，则必须借助于其他软信息。软信息是一些对井间参数预测有所帮助的，可信度<1 的信息，低含水期和中高含水期的钻井信息即是其代表。考虑到这些井目前也已进入特高含水期，可以利用前述实验成果，将低含水期和中高含水期的物性参数校正到特高含水期，取其合适的可信度。

根据实验的相似准则计算，该区注水至中高含水期，相当于实验样本以某恒定流量连续驱替实验 72 小时，注水至特高含水期，相当于实验样本以同样的流量连续驱替实验 144 小时。因此采用实验成果，并结合前述孔、渗关系，建立低含水期至特高含水期以及中高含水期至特高含水期的孔、渗校正方法如下，校正结果统计如表 6-4 所示，该区相控建模单井数据来源和可信度如图 6-7 所示。

（1）孔隙度校正：

低含水期至特高含水期：$\phi_{特高}=0.0946213+1.01686\phi_{低}$

中高含水期至特高含水期：$\phi_{特高}=0.0728168+1.00362\phi_{中高}$

（2）渗透率校正：

低含水期至特高含水期：$K_{特高}=0.5(K_1+K_2)$

$K_1=(16.186\mathrm{Ln}\phi_{低}-42.7078)/K_{低}$，$K_2=\mathrm{Exp}\big[(\phi_{特高}-18.3831)/2.11687\big]$

中高含水期至特高含水期：$K_{特高}=0.5(K_1+K_2)$

$K_1=(7.86711\mathrm{Ln}\phi_{中高}-20.529)/K_{中高}$，$K_2=\mathrm{Exp}\big[(\phi_{特高}-18.3831)/2.11687\big]$

表 6-4　孤岛油田中一区 11J11 井区 Ng3～6 砂层组孔渗校正结果统计表

参数	低含水期井	中高含水期井	特高含水期井	平均升高
平均孔隙度 ϕ /%	33.9		34.57	0.67%
		32.44	32.63	0.19%
平均渗透率 k /$10^{-3}\mu\mathrm{m}^2$	1175.2		11463.5	9.75 倍
		899.5	4380.1	4.87 倍

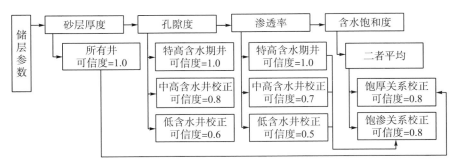

图 6-7　孤岛油田中一区 11J11 井区 Ng3～6 砂层组相控建模单井数据来源

6. 储层参数相控统计特征

除个别情况以外，孤岛油田中一区 11J11 井区沉积微相对储层参数的控制作用很明显，这得益于长期的注水对储层参数的改变。由于注入水受河流体系的控制，沿渗透率高的厚层流动，并沿途改变孔、渗，使含水饱和度升高，沿程留下沉积相控制的痕迹。特别是，使原本与沉积微相无直接关系的含水饱和度（可动水）也受到沉积微相的控制，这对相控建模很有帮助。

统计 Ng3～6 砂层组如图 6-8 所示。单层平均砂岩厚度：心滩＞边滩＞河道＞天然堤＞决口扇＞废弃河道；单层平均孔隙度：心滩＞河道＞天然堤＞边滩＞决口扇＞废弃河道；单层平均渗透率：边滩＞＞心滩＞河道＞天然堤＞决口扇＞废弃河道；单层平均含水饱和度：边滩＜心滩＜河道＜天然堤＜决口扇＜废弃河道。

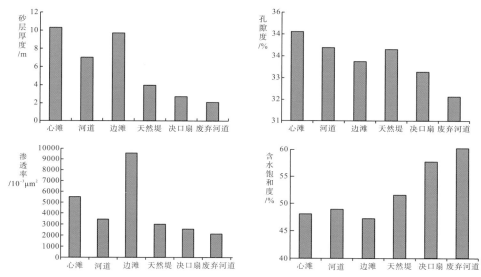

图 6-8　孤岛油田中一区 11J11 井区 Ng3～6 砂层组沉积微相储层参数统计直方图

统计 Ng3～6 砂层组储层参数直方分布如图 6-9 所示。其中，孔隙度和含水饱和度成正态分布，渗透率成对数正态分布，而砂层厚度不成正态分布。11J11 井区 Ng3～6 砂层组砂层厚度变化较大，虽然河道、心滩和边滩较厚，但天然堤、决口扇和废弃河道较薄，所以砂层厚度统计隐约成双峰性。虽然全区统计砂层厚度不成正态分布，但在各小层按沉积微相统计，砂层厚度成单峰正态分布，如图 6-9 中 Ng3^3 小层的河道砂和天然堤统计。

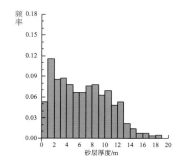
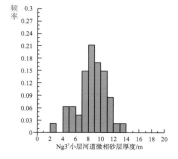
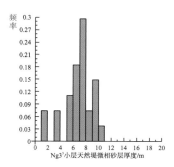

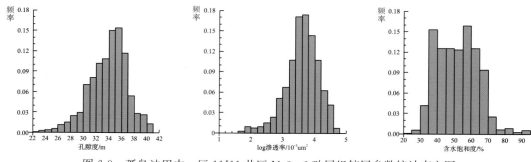

图 6-9 孤岛油田中一区 11J11 井区 Ng3～6 砂层组储层参数统计直方图

7. 相控模型比较

如图 6-10 所示，Ng3³ 小层发育一条较大的河流，西北角残留废弃河道。此河流蜿蜒曲折，边缘发育有边滩、天然堤和决口扇。单井统计结果，边滩砂较河道砂厚，决口扇砂较天然堤砂略厚，废弃河道砂较薄，厚度有三个级别，跨度较大。并且在 13-91 井地区河流有一较大间弯，两侧河道距离较近，决口扇向弯内决口，相变尺度小，井控程度较低。

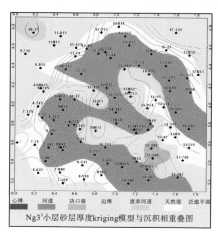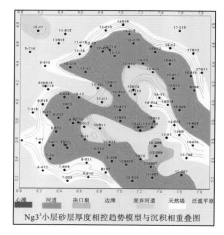

图 6-10 孤岛油田中一区 11J11 井区 Ng3³ 小层砂层厚度克里金模型与相控趋势模型比较图

若采用克里金估值法，仅靠实际钻井点数据进行砂岩厚度的展布，其结果如图 6-10 左图所示。由于相变尺度小于井距，以及克里金估值法的抹平效应，造成河流间弯分布连片的砂层，河流外侧等值线发散，未能反映出河流的局部形态，不符合地质特征。

相控建模不仅考虑了实际钻井点数据，而且考虑了沉积微相的地质信息，弥补了井控程度的不足，相控趋势分布如图 6-10 右图所示。可以看出，砂岩厚度等值线不仅反映出了河流的形态，而且刻画出了边滩、天然堤和决口扇的局部形态，特别是刻画出了 13-91 井地区的河流间弯形态，说明 Ng3³ 小层砂层厚度相控趋势模型比较细致地刻画了 Ng3³ 小层的沉积微相特征。Ng3³ 小层孔、渗、饱的相控趋势模型如图 6-11 和图 6-12 所示，可以看出，孔、渗、饱的相控趋势模型也较克里金模型更合理地刻画了 Ng3³ 小层的沉积微相物性分布趋势。

相控趋势模型的建立，不仅考虑了该区低含水期钻井和中高含水期钻井的校正信息，而且考虑了沉积微相概率统计信息，为我们提供了一个地质趋势信息库，为井间储层参数预测提供了大量参考信息。

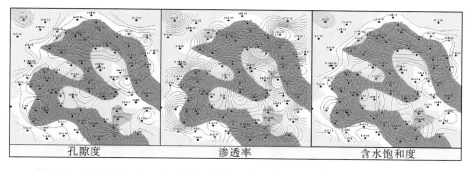

图 6-11　孤岛油田中一区 11J11 井区 $Ng3^3$ 小层克里金模型孔、渗、饱分布图

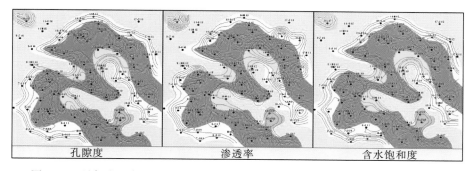

图 6-12　孤岛油田中一区 11J11 井区 $Ng3^3$ 小层相控趋势模型孔、渗、饱分布图

8. 储层参数相控克里金预测成果

相控趋势模型只是储层参数的地质趋势发布，与储层参数实际发布还有差距。参数分布平滑，不反映局部异常特征，储层参数不等于实际钻井值。需要结合克里金估值技术，考虑沉积微相的约束，在井间空白地区，特别是沉积微相变化复杂的关键地区，从相控趋势模型中提取虚拟井信息，弥补原钻井信息的不足，进行相控克里金估值。

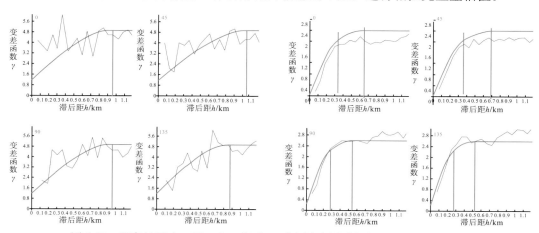

图 6-13　孤岛油田中一区 11J11 井区 $Ng3^3$ 小层砂层厚度变差函数曲线对比图

克里金估值首先需要进行储层参数的空间分布结构分析，即进行实验变差函数计算和理论变差函数拟合，如图 6-13 所示。左图为 Ng3^3 小层砂层厚度 91 口实际钻井信息计算的实验变差函数曲线（折线），计算分 0°、45°、90°、135°四个方向，角度容差 30°，基本滞后距 50m，距离容差 25m。由于距离较近的数据点对不足，变差函数值统计计算不具有代表性，数值起伏不稳定，反映空间分布结构不明显，因此理论变差函数曲线拟合不准确。

右图为 Ng3^3 小层补充了 198 口虚拟井砂层厚度灰色数据后计算的实验变差函数曲线（折线），计算方向、角度容差、基本滞后距、距离容差与左图均相同。由于虚拟井从相控趋势模型中提取了大量地质趋势信息，与实际钻井共同计算实验变差函数曲线，因此数据点相对充足，变差函数值统计计算具有代表性，数值变化稳定，清晰地反映了储层参数空间分布结构，因此理论变差函数曲线容易拟合，拟合准确，失真失误的可能性较小。

先逐层分析各个储层参数的空间分布结构，然后利用虚拟井和实际井数据共同进行克里金估值，展布所有小层的砂层厚度、孔隙度、渗透率和含水饱和度，建立该区多层三维储层参数数值模型。其代表性的 Ng3^3、Ng4^4、Ng5^6、Ng6^4 等小层的砂层厚度相控建模成果如图 6-14 所示，其他小层建模成果图略。

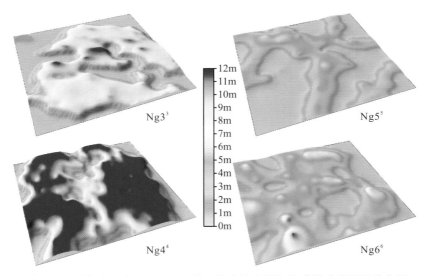

图 6-14 孤岛油田中一区 11J11 井区代表性小层相控建模砂岩厚度分布图

孤岛油田中一区 11J11 井区 Ng3~6 砂层组，在沉积微相研究和高分辨率层序地层对比的基础上，通过水驱实验和水淹井测井解释以及单井校正，采用相控克里金建模技术，建立了特高含水期 11J11 井区 Ng3~6 砂层组的储层参数多层三维数值模型，经检验符合率达到 95%，为孤岛油田中一区特高含水期的储层建模探索了一条新路，为该区特高含水期开发调整提供了扎实的地质基础。同时，项目组根据该项技术开发了"相控克里金建模 XKKrg"软件，为后续多个项目的完成和软件的完善升级奠定了基础。

6.2 鄂尔多斯盆地长庆气田上古气藏砂体分布规律研究

研究时间：2001～2002 年，相控建模应用于该区主要砂体孔、渗、饱展布。

6.2.1 概况

课题来源于西气东输工程所属"长庆气田开发前期评价"项目中的重点研究课题。鄂尔多斯盆地长庆气田上古气藏位于伊陕斜坡带的中央，构造呈单斜形式，自西向东逐渐抬高。该区下石盒子组～山西组与天然气产出紧密相关的主要层位（盒$_7$、盒$_8$、盒$_9$、山$_1$、山$_2$）为湖泊三角洲沉积体系，发育三角洲平原、三角洲前缘和前三角洲沉积亚相，以水上和水下分流河道沉积微相为主。孔隙度 0.6%～18.4%，渗透率 2.7×10^{-3}～$499 \times 10^{-3} \, \mu m^2$，属于低孔低渗的致密储层。截至 2000 年底，该区共有 126 口井在上古储层产出天然气，其中工业气井 71 口，具有榆林、乌审旗、靖边、苏里格庙以及外围等多个产气区。

1. 研究范围

东到榆林、西到桃利庙、北到陕 199 井、南到安塞，东西宽 100km，南北长 220km，面积为 $2.2 \times 10^4 \, km^2$（包括靖边区、乌审旗区及榆林区等），共 350 口井，其中 70 余口取芯井。

2. 研究层位

以二叠系石盒子组（盒$_7$、盒$_8$、盒$_9$）、山西组（山$_1$、山$_2$）为主，石炭系太原组、本溪组为辅。

3. 研究目的

在 2000 年初期，对鄂尔多斯盆地长庆气田上古生界砂岩气藏的开发前期评价工作开始起步，由于上古气层在纵向上具有多个含气层组，平面上砂体横向变化很大，砂岩气层的控制因素不清和展布不明，致使上古砂岩气藏开发前期准备工作不足，因此需要研究气藏的砂体分布规律，为上古砂岩气藏的开发提供地质依据。

4. 课题主要研究内容

（1）上古气藏储集砂体的沉积环境及其展布。

（2）盒$_7$、盒$_8$、盒$_9$、山$_1$、山$_2$砂体的展布特征。

（3）小层单砂体的精细描述。

（4）砂岩储层的成岩作用和孔隙演化研究。

（5）上古气藏砂岩储层的综合评价。

5．课题研究思路

综合地质、测井、地震以及测试资料，采用先进科学的分析方法，针对长庆上古砂岩储层特殊地质条件，分析各层组含气单砂体的分布规律，综合评价储层，总结高产富集规律，明确指出开发有利区，达到指导开发布井的目的，为上古气藏开发方案的编制提供技术支撑。

6．相控建模在课题中的研究任务

以课题的钻井取芯、测井解释、沉积微相、单砂体划分和气水层识别等研究成果为基础，开展勘探区相控建模技术方法研究，展布各层组含气单砂体的砂岩厚度、孔隙度、渗透率和含水饱和度，对该区进行有利砂体和区块的综合评价，为上古气藏开发方案的编制奠定基础。

7．研究难点

(1)面积大，钻井分布不均，局部井网密度很小，单井控制程度差。
(2)河道窄，河道叠置现象严重，砂岩厚度变化大。
(3)河道弯曲程度大，各向异性方向变化大。
(4)致密低孔低渗储层的气水识别难度大。

6.2.2　相关研究成果

1．沉积相研究成果

根据沉积相划分标志，通过对区内 40 余口取芯井段的岩芯观察，以及 300 余口钻井的测井资料的综合分析，鄂尔多斯盆地长庆气田上古气藏盒$_7^1$～山$_2^3$小层为湖泊三角洲沉积体系，划分沉积微相如表 6-5 所示，其代表性砂体沉积微相分布如图 6-15 所示。

表 6-5　鄂尔多斯盆地长庆气田上古气藏盒$_7^1$～山$_2^3$小层沉积相类型

沉积体系	沉积相	沉积亚相	沉积微相
湖泊三角洲	三角洲	三角洲平原	水上分流河道、决口扇、河岸后砂坝、河道间洼地、洪泛平原
		三角洲前缘	水下分流河道、突发性小支流、砂坝、远砂坝、席状砂、分流间弯
		前三角洲	

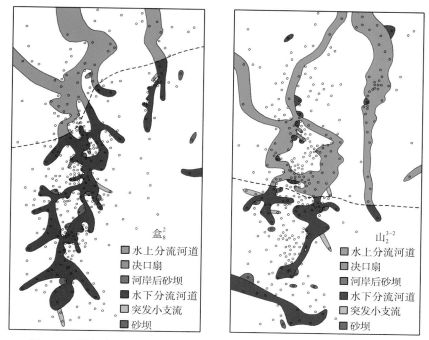

图 6-15　鄂尔多斯盆地长庆气田上古气藏代表性单砂体沉积微相分布图

2. 沉积相对储集砂体的控制

　　沉积相分布的基本特征、天然气的空间分布特点、产层的岩性、物性等研究成果，都足以证明该区储集砂体受沉积相的控制。而且，从钻遇各类沉积微相的储层参数统计，也证明沉积相对储集砂体的控制作用。

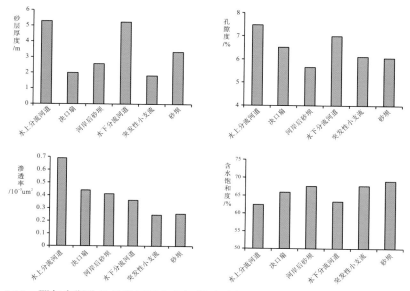

图 6-16　鄂尔多斯盆地长庆气田上古气藏下石盒子组沉积微相储层参数统计直方图

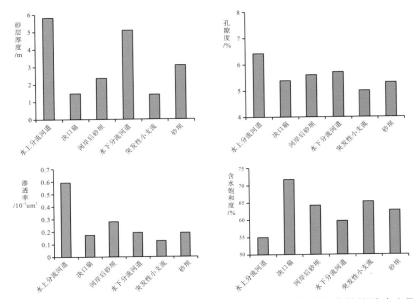

图 6-17　鄂尔多斯盆地长庆气田上古气藏山西组沉积微相储层参数统计直方图

　　统计下石盒子组各沉积微相储层参数如图 6-16 所示。除了水上与水下分流河道平均砂体厚度近似以外，其他微相砂体厚度区别明显；突发性小支流和砂坝平均孔隙度接近，其他微相砂体孔隙度区别明显；砂体平均渗透率区别明显，并且依次减小；砂体平均含水饱和度也区别明显，并且水上和水下环境分别依次增加。

　　统计山西组各沉积微相储层参数如图 6-17 所示，各沉积微相之间储层参数的区别更加明显。所以，该区储层参数与沉积微相的关系较密切，采用相控建模展布砂体厚度和孔、渗、饱等物性参数具备必要的条件。

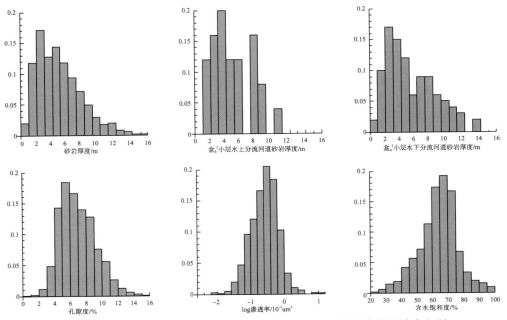

图 6-18　鄂尔多斯盆地长庆气田上古气藏下石盒子组储层参数统计直方图

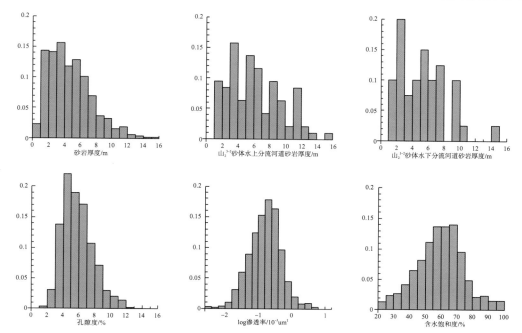

图 6-19 鄂尔多斯盆地长庆气田上古气藏山西组储层参数统计直方图

分别统计下石盒子组和山西组储层参数直方分布如图 6-18 和 6-19 所示。其中，孔隙度和含水饱和度呈正态分布，渗透率呈对数正态分布，而砂体厚度近似呈正态分布，峰值偏薄层。从代表性砂体盒$_8{}^2$和山$_2{}^{3\text{-}2}$的水下和水上分流河道砂岩厚度分布来看，峰值偏薄层的特征有所减弱，并且山$_2{}^{3\text{-}2}$的正态性更好一些。所以，该区储层参数分布符合克里金估值技术的正态要求。

3. 相控模型比较

如图 6-15 左图所示，盒$_8{}^2$小层发育由北向南的湖泊三角洲河流体系，水上和水下分流河道复杂，并伴随着突发性小支流、决口扇和砂坝沉积。虽然区内钻井 367 口，但工区面积大(2.2×10^4 km²)，井网密度小(1.7 口/100km²)，而且井的分布极其不均匀(井距 1~18km)，因此钻井控制程度极低，给建模带来较大困难。另外由于河道的频繁改道，该区河道叠置现象严重，砂岩厚度变化大(0.8~24.4m)，局部出现异常厚的井区(砂体平均厚度 5m，5.5％的砂体厚度达到 10m 以上)，给建模带来困难。

如图 6-20 左图所示为盒$_8{}^2$小层 367 口单井数据采用克里金估值方法展布的砂岩厚度分布图。该层 143 口井钻遇砂体，厚度 1~13.7m，平均 4.9m，由于克里金估值方法的圆滑效应，河道之间被抹平，大片展布为薄层分布，厚砂体呈孤立点状分布，已看不出河道沉积的概貌。

图 6-20 右图所示为添加了虚拟井后的克里金估值方法展布的盒$_8{}^2$小层砂岩厚度分布图。经过相控建模，在实际钻井控制不足的井间地区，从相控趋势模型中提取了 509 口虚拟井数据及其概率，已知数据点达到 876 个，经过克里金估值方法的展布，砂岩厚度分布图体现出了河道沉积的形态，反映了该区该层的沉积相控制特征。分析孔、渗、饱等物性参数也体现了沉积相的控制特征。

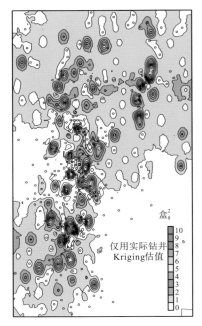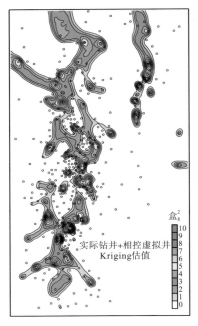

图 6-20　鄂尔多斯盆地长庆气田上古气藏盒$_8^2$小层砂岩厚度展布方法对比图

4. 储层参数相控克里金预测成果

逐个砂体建立砂岩厚度、孔隙度、渗透率、含水饱和度等储层参数的相控趋势模型，提取虚拟井参数，与实际井数据共同分析空间分布结构，共同进行克里金估值，展布 21 个砂体的砂层厚度、孔隙度、渗透率和含水饱和度，建立该区多砂体三维储层参数数值模型。其代表性的盒$_7^{2-2}$、盒$_8^2$、盒$_9^{2-2}$、山$_1^{3-2}$、山$_2^{3-2}$ 等砂体的砂层厚度相控建模成果如图 6-21 所示，其他砂体建模成果图略。

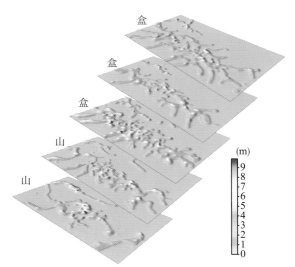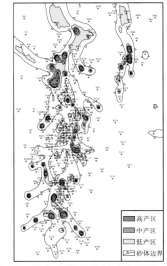

图 6-21　鄂尔多斯盆地长庆气田上古气藏　　　　图 6-22　鄂尔多斯盆地长庆气田上古气藏
　　　　代表性砂体砂岩厚度分布图　　　　　　　　　盒$_8^2$小层有利砂体综合评价图

鄂尔多斯盆地长庆气田上古气藏主要砂体的成功相控建模，说明利用沉积相对储层的控制作用来建立储层地质模型的技术方法，不仅可以应用于开发阶段的储层建模，而且可以用于勘探阶段的储层建模，在较少的勘探井基础上预测储层分布，节约钻井投入，提高勘探成功率。并且，该技术为长庆气田上古气藏有利砂体的综合评价奠定了基础，为上古砂岩气藏的开发提供了地质依据，如图 6-22 所示。

6.3　濮城油田卫 79－濮 95 块油藏精细描述

研究时间：2003～2004 年，相控建模应用于该区精细储层建模研究。

6.3.1　概况

濮城油田卫 79－濮 95 断块区位于东濮凹陷中央隆起带北部，总体形态为西倾的文西伴生断层和东倾的文东伴生断层所形成的地垒带。该断块区主要含油气层位沙三下亚段～沙四段（以下沙三下亚段称为 Es3x，沙四段称为 Es4），油藏埋深 3000～3600m。Es3x～Es4 段储层孔隙度 2.2％～18％，渗透率 $0.01 \times 10^{-3} \sim 26 \times 10^{-3}$ μm²，属于低孔低渗型储层，油藏压力系数 1.12～1.31，为异常高压油藏。油藏类型为受构造、岩性双重因素控制的构造－岩性油藏，局部为构造层状气顶油藏。

目前断块区地层对比不清，构造复杂，内部断层的切割、组合关系及断块间关系不清；试采情况显示低部位油井出油，而高部位油井出水，进一步证明构造复杂，目前构造认识存在问题；储层相对比较发育，含油井段长（200～400m），但储层纵横向变化大，成岩作用强烈，造成油层识别难度大，油气水分布规律不完全落实，因此需要进行油藏精细描述。

1. 研究目的

针对以上困扰着卫 79－濮 95 断块区油气开发的难题，该区储量动用差主要有以下几个地质原因：油藏埋藏深，储层物性横向变化大，油层为低渗透油藏油气同出，油藏产能低、动用效果差。

同时，开发对工艺技术要求高：①油藏特征要求保护油层，钻井技术要求高。②油层低渗透，要求反复压裂改造，固井质量能否适应。③油水层间互，要求分层改造。④实现注水开发，注好水。⑤要求采油技术能放大生产压差。

以上原因造成该断块区储量落实程度低，开发成本高、效益差。因此开展精细油藏描述研究，重新落实该区的构造格局和局部构造特征；在沉积相、储层研究的基础上，进一步落实储层分布规律；重新复算储量；通过适用性技术研究及可行性经济评价，努力寻找适合油藏地质特点的开采工艺，动用 Es3x～Es4 段的未动用储量，以达到增储上产的目的。

2. 研究思路

在高分辨率层序地层学沉积旋回及沉积微相研究的基础上，对卫 79－濮 95 断块区的构造格架、井间参数、非均质性进行研究，建立沉积微相模型、构造格架模型、储层参数模型和非均质模型，开展油藏综合评价，重新复算断块区储量，进行储量动用可行性研究。同时通过适用性技术研究及可行性经济评价，努力寻找适合油藏地质特点的开采工艺，解决制约目前开发效果的基础性问题，充分动用该断块区的未动用储量。

3. 相控建模研究思路

运用复合相控建模原理，从相控趋势模型提取虚拟井作为现有井网地质信息补充群，考虑数据不同来源的可信度，采用软变差函数分析技术，详细分析和拟合数据分布结构，参考沉积相和油水关系分布趋势，利用最优多级套合技术，建立 8 个砂层组的砂岩厚度、有效厚度、孔隙度、含水饱和度等储层参数模型。

4. 研究难点

(1) 地层对比不清，构造复杂，内部断层的切割、组合关系及断块间关系不清。

(2) 储层相对比较发育，含油井段长，储层纵横向变化大，成岩作用强烈，造成油层识别难度大，油气水分布规律不完全落实。

(3) 油、气混杂，复杂的油藏类型和圈闭条件对相控建模影响较大。

(4) 相控建模软件同时建立油藏和气藏地质模型的难度较大。

5. 研究内容

1) 地层对比

应用高分辨率层序地层学原理对工区内取芯井进行层序界面的识别和层序划分，进行等时对比，建立地层格架模型。

2) 构造精细研究

从构造的形成、发育和断裂成因研究入手，对油气的运移与富集规律进行综合研究，并开展井斜校正、断点组合工作，进行微构造和断面的描述，建立精细构造模型。

3) 沉积相研究

通过岩心观察描述、储层岩石学特征统计分析，明确储层沉积构造及粒度分布特征，建立沉积相图，并建立沉积相知识库。

4) 储层非均质性研究

开展储层层间、平面和孔隙结构等层次的非均质性研究，探寻影响采油、注水生产的关键非均质因素，建立其程度评价方法，综合评价非均质性严重程度和分布。

5) 建立储层地质模型

储层结构模型：利用构造精细研究、储层数据、测井曲线、井斜数据、沉积微相等，采用软变差函数曲线多级套合最优拟合技术，利用相控克里金井间参数预测方法，定量描述储集砂体的大小、几何形态及其三维空间的分布。

储层参数分布模型：在结构模型的基础上，采用相控模型定量描述储层参数在三维空间上的变化和分布。

6) 储量复算及可动用性评价

进行储量计算，完成 $Es3x^3 \sim Es4$ 段储量复算工作，落实储量物质基础；进行储量地质评价、储量经济评价、经济界限研究；开展储量动用可行性研究。

6.3.2 相关研究成果

1. 层序地层

高分辨率层序地层分析是进行含油气盆地中地层成因解释和地层对比的一种有效的新方法，不仅实现了等时地层对比，而且将原来的组合对比结果从感性认识阶段上升到了理性认识阶段。它通过各种资料的精细层序划分和对比技术，建立起区域、油田乃至区块或油藏级规模储层的等时成因地层对比骨架，可大大提高岩层，尤其是储层分布的预测和评价精度。

本次研究以高分辨率层序地层理论方法对 Es3x^3 和 Es4 段地层进行了高分辨率层序的划分和地层对比，将 Es3x^3 和 Es4 段地层划分出一个长期基准面旋回，6 个中期基准面旋回和 14 个短期基准面旋回，其中，中期基准面旋回是地层划分与对比的基础，如图 6-23 所示。

MSC1 对应 Es4^8 三角洲平原沉积，在研究区南部发育而在北部缺失，以沙河街组和中生界的不整合面为层序底界面，一般仅发育基准面上升半旋回，可进一步划分出 2 个短期基准面旋回。

MSC2 对应于 Es4^7 三角洲平原和前缘沉积，发育近对称的旋回结构，含 3 个短期基准面旋回。

MSC3 对应 Es4^6 三角洲平原—前缘沉积，可进一步划分出 2 个仅保留基准面上升半旋回的短期基准面旋回。

MSC4 对应 Es4^5 三角洲平原—前缘沉积，为近对称的旋回结构，亦可进一步划分出 2 个短期基准面旋回。

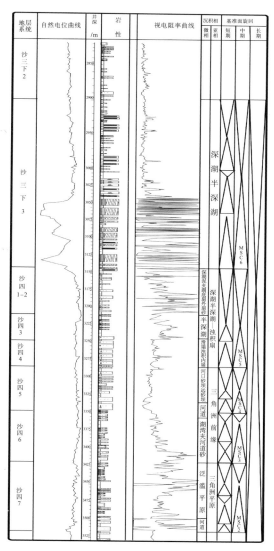

图 6-23 B1-10 井 Es3x^3 和 Es4 段高分辨率层序地层划分图

MSC5 对应于 Es4 上亚段，显示上升半旋回厚度大于下降半旋回的近对称结构，其上升半旋回对应 Es4^4 和 Es4^3，为三角洲前缘至半深湖—深湖相沉积，其下降半旋回对应 Es4$^{1-2}$，为深湖相泥页岩为主的沉积，夹重力流砂体，MSC5 可划分出 2 个短期基准面旋回。

MSC6 对应 $Es3x^3$，为对称的旋回结构，可进一步划分出 3 个短期基准面旋回，基准面的升降此时反映在蒸发环境下膏盐岩的沉积的发育与否。

研究中对 $Es3x^3$ 和 Es4 段地层进行了高分辨率层序地层等时对比，将全区划分为 7 个砂层组，如表 6-7 所示。事实证明，以高分辨率层序地层学理论方法进行的地层对比效果很理想。濮城油田卫 79-濮 95 断块区由于断层复杂，地层严重断失，Es4 段各砂层组的垂直地层厚度平均 58m，最小 20m，最大 105m；$Es3x^3$ 砂层组垂直地层厚度达到 100~250m，平均 181m，可见地层厚度变化较大。

由于该区地层厚度变化较大，给后期的相控建模带来困难，在钻井较少的情况下，以至于只能对砂层组进行建模。

表 6-6　卫 79-濮 95 断块区地层划分对比结果

亚段	中期基准面旋回	砂层组	地层厚度（垂直 m）
Es3 下亚段	MSC6	$Es3x^3$	181（100~250）
Es4 上亚段	MSC5	$Es4^{1-2}$	50（27~75）
		$Es4^3$	51（30~70）
		$Es4^4$	73（45~105）
Es4 下亚段	MSC4	$Es4^5$	62（50~78）
	MSC3	$Es4^6$	69（50~87）
	MSC2	$Es4^7$	65（50~90）
	MSC1	$Es4^8$	35（20~47）

2. 沉积特征

濮城油田卫 79-濮 95 断块区在 $Es3x^3$ 和 Es4 段沉积时整体显示为湖进序列，经历了湖平面上升后略有下降的历程。在这一时期，古地势呈现北高南低，西高东低的趋势，扇三角洲或湖底扇来源于北西方向。

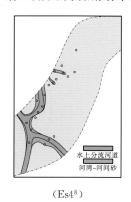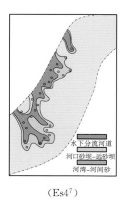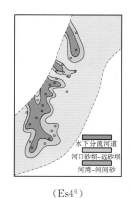

（$Es4^8$）　　　　　　（$Es4^7$）　　　　　　（$Es4^6$）　　　　　　（$Es4^5$）

图 6-24　卫 79-濮 95 断块区 Es4 下亚段沉积微相分布图

随着湖平面的上升，在 Es4 下亚段沉积时研究区处于三角洲背景，陆源物质供给充足，造成 3 个三角洲朵状体向湖泊进积，在研究区沉积了以三角洲平原及前缘河道和河口沙坝微相为主的砂体，如图 6-24 所示；三角洲在 Es4 上亚段的 Es4^4 沉积时持续发育，但由于湖平面的上升，在 Es4$^{1-3}$ 发育时，该地区处于深湖~半深湖环境，沉积了以深灰色泥页岩为主的岩层；但北及西方向有物源供给，而当古沉积界面超过其安定角时，前缘沉积物向前滑踏，在研究区形成浊积扇体，如图 6-25 所示。

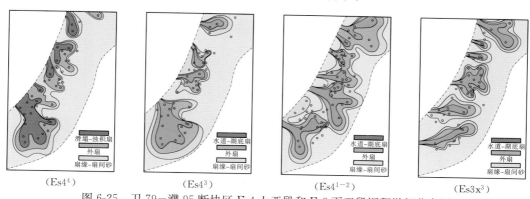

图 6-25　卫 79－濮 95 断块区 Es4 上亚段和 Es3 下亚段沉积微相分布图

3. 构造特征

卫 79－濮 95 断块区断裂系统以北北东向最为发育，断层倾向西北向为主，东南向次之。西北倾向的断层发育较早，东南倾向的断层除卫东断层外多为西倾断层的伴生断层。断裂系统在 Es3x 具有一定的继承性，而 Es4 段与 Es3x 则有较大的差异，如图 6-26 所示。

卫 79－濮 95 断块区 Es3x 和 Es4 段的各断块主要为反向屋脊式断块，地层与断层呈"人"字形接触关系，其次为顺层屋脊式断块，地层与断层的倾向基本一致，如图 6-27 所示，剖面位置如 6-26 中图所示。从构造与油气成藏的关系来看，反向屋脊式断块对油气成藏最为有利，而顺层屋脊式断块对油气成藏则要差一些。研究区含油区块小而多，既含油，又含气，油、气、水关系复杂，无统一的油水界面或气水界面，相控建模需要重点考虑断层对油气形成的影响，以及含油区气顶的处理方法。

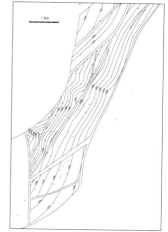

图 6-26　卫 79－濮 95 断块区各亚段顶界面构造图

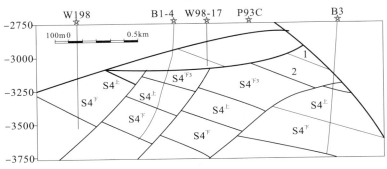

图 6-27　卫 79－濮 95 断块区南部构造剖面图

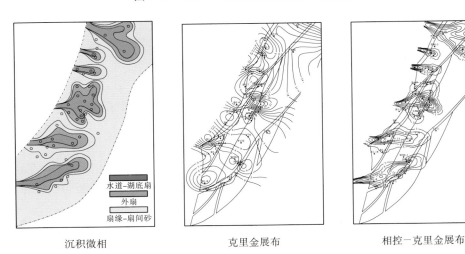

图 6-28　卫 79－濮 95 断块区 Es4$^{1-2}$ 砂层组砂岩厚度展布方法比较图

4. 沉积微相分布与储层参数分布的典型比较

该区钻井控制程度低，全区钻井密度 6.5 口/km^2，其中 Es4 上亚段只有 3.8 口/km^2，Es4 下亚段仅有 3.2 口/km^2，而分布极不均匀。因此，资料点较少，井控不足，仅仅依靠钻井资料进行储层建模是不可能获得较好的结果。

如图 6-28 所示可以看出，仅仅依靠钻井资料进行储层参数预测，中间图的克里金展布结果与左图的沉积微相分布特征有很大区别。由于周边无井点控制而使砂岩厚度分布等值线发散，水下扇之间也因井点控制不足而使扇间边界不清楚或连片。因此，需要在井间和断块区边部增加信息资料，用以控制储层的展布，即相控建模。如右图所示可以看出，采用相控－克里金展布的砂岩厚度分布与沉积微相分布特征很相似。

5. 油气水分布特征

卫 79－濮 95 断块区的含油气性，除 Es4^8 砂层组主要受岩性控制以外，构造在其余砂层组均是主控因素，其中 Es4$^{1-2}$ 和 Es4^5～Es4^7 砂层组部分地区还受岩性控制；Es4^4～Es4^7 砂层组含气分布成连片或大块状分布，且主要分布于卫 79 断块区，而大块状分布的含油区仅在濮 95 断块的 Es4^3 和 Es4^4 砂层组，以及卫 79 断块区北部的 Es4^3 砂层组，其他砂层组的含油气区多为小块状或点状分布。总体上,含油性 Es4 上亚段好于 Es4 下亚段,而含气性以中下部(Es4^4～Es4^7)较好,岩性控制作用在 Es4 下亚段要强一些,如表 6-7 所示。

表 6-7　卫 79～濮 95 断块区 Es3x^3 和 Es4 段油气层发育程度与控制因素

砂层组	油层发育程度	气层发育程度	主要控制因素
Es3x^3	零星点状和 1 大块	零星点状	构造
Es4$^{1-2}$	多个小块和点状	多个小块状	构造+岩性
Es4^3	2 大块和 3 小块	多个小块状	构造
Es4^4	零星点状和 2 小块	连片分布	构造
Es4^5	多个小块状	大块状	构造+岩性
Es4^6	多个小块状	大块状	构造+岩性
Es4^7	无	大块状	构造+岩性
Es4^8	零星点状	零星点状	岩性

根据含油气面积统计(表 6-8),Es4^3～Es4^7 砂层组含气面积较大(>2km^2),但 Es4^3 较分散;Es4$^{1-2}$～Es4^4 砂组含油面积较大(>2km^2),但都较分散,只是其中有大块分布。含气有效厚度同样以 Es4^3～Es4^7 砂层组较厚(>5m),含油有效厚度则以 Es4^6 砂组较厚,但其含油面积较小,而其他砂组含油有效厚度接近。从砂层组单井含油、含气有效厚度概率统计图 6-29 左图中可以看出,砂组含油有效厚度主要在 12m 以内,而砂组含气有效厚度主要在 18m 以内,并且含气面积明显大于含油面积,说明该区含气性较含油性丰富,其中卫 79 断块区以气为主,濮 95 断块以油为主。

表中统计的含油气砂层平均含水饱和度明显偏大,只能作参考。但图 6-29 右图中统计的全区砂层含水饱和度概率分布则明显出现两个峰态,以含水饱和度为 72% 这一规则可以完全区分油气层和水层及干层,且油气层的含水饱和度分布呈现明显的正态分布模式。

表 6-8　卫 79～濮 95 断块区 Es3x^3 和 Es4 段油气层参数统计表

砂层组	含 油			含 气			含水饱和度/%
	面积/km^2	有效厚度/m	孔隙度/%	面积/km^2	有效厚度/m	孔隙度/%	
Es3x^3	1.766	4.903	11.73	0.715	2.625	12.27	51.35
Es4$^{1-2}$	2.444	4.761	10.69	1.589	3.963	11.44	56.22
Es4^3	2.989	4.525	11.74	2.333	5.286	9.74	56.67
Es4^4	2.413	4.646	10.52	5.184	8.942	9.70	57.19
Es4^5	0.931	4.650	10.51	3.042	10.822	9.73	56.58
Es4^6	0.765	10.317	10.81	3.599	12.457	9.68	55.90
Es4^7	—	—	—	2.560	8.739	9.45	59.97
Es4^8	0.333	3.000	10.50	0.045	3.200	5.40	56.10

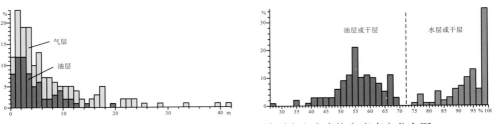

图 6-29　卫 79－濮 95 断块区砂层组有效厚度和含水饱和度直方分布图

6. 油气水分布模式与"流体相"概念

卫 79－濮 95 断块区为油气共存的断块性油气藏，受构造、断层和沉积相控制，在区内形成了各种类型的含油区和含气区。因此，预测有效厚度和含水饱和度应该考虑油气水分布模式对其的控制作用。

如 Es4$^{1-2}$ 砂组由西向东发育 6 个水下湖底扇，受浊积岩沉积控制，由西向东砂层变薄和物性变差。受断层控制，在各扇体局部形成 16 个含油气区，其中 5 个油层、5 个气层、4 个油水同层、2 个气水同层，如图 6-30 所示。

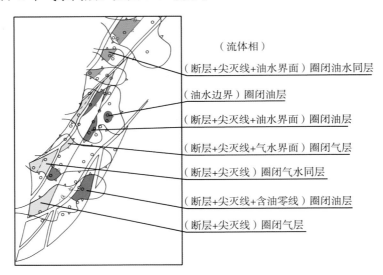

图 6-30　卫 79－濮 95 断块区 Es4$^{1-2}$ 砂层组油气水（流体相）分布图

断层、砂体尖灭线、油水边界、气水边界、含油零线等组成了 Es4$^{1-2}$ 砂组 16 个含油气区的圈闭线，具有断层＋尖灭线、断层＋油水边界、断层＋气水边界、有断层＋尖灭线＋含油零线、断层＋尖灭线＋油水边界、断层＋尖灭线＋气水边界、油水边界独立圈闭等不同的组合，这些组合展示了含油气区的不同成因。

总之，油气藏每一个油层、气层、水层，每一个含油区、含气区、含水区，都有不同的边界、类型和组合关系，即具有某种成因条件。因此，可以把油气水的成因视为一种"流体相"。"流体相"不是"流体相态"，而是一种流体存在的成因相或成因类型，类似于沉积相概念。

流体相与流体相态的区别在于：一种流体在某个时候只可能有一种相态，但可以有不同的"相"。譬如液态的油在地下存在的"相"有可能是断层圈闭、构造圈闭、岩性圈闭、断层＋构造圈闭、断层＋岩性圈闭、构造＋岩性圈闭、断层＋构造＋岩性圈闭等等。因此，流体相就是地下流体在不同圈闭条件下在特定地层的存在形式，它就是目前现场上使用的小层平面图上所画出的油气水分布，或者油气水分布模式。

　　将油气水分布模式提升为"流体相"概念，用沉积微相和流体相复合控制建立与油气有关的油层参数，这种油气藏相控地质建模的方法称为"复合相控建模"方法。相控思路相同，建模步骤相同，区别仅在于增加了有效厚度和饱和度的相控建模，并且对不同的参数使用不同的相控制来建模，因此复合相控建模是沉积相控建模的扩展和改进方法。

　　总结油气水分布的边界有：油水边界、气水边界、砂体尖灭线、干层边界线、断层线等。在油水边界和气水边界两侧，净储比向水区迅速趋于 0，与 0 线是斜交关系，而含水饱和度向水区逐渐趋于 100%，与 100 线是渐近关系；在砂体尖灭线和干层边界线两侧，净储比随着岩性和物性的变差，向泥岩区或干层逐渐趋于 0，与 0 线是渐近关系，含水饱和度向泥岩区或干层也是逐渐趋于 100%，与 100 线是渐近关系；断层线两侧的净储比和含水饱和度是突变关系，分布不连续。

7. 沉积相控建模成果

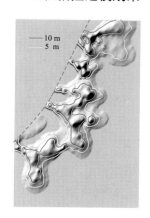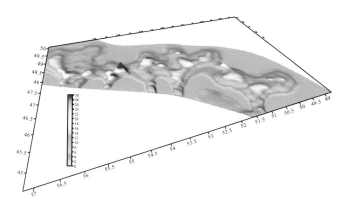

图 6-31　卫 79－濮 95 断块区 $Es3x^3$ 小层砂岩厚度分布图

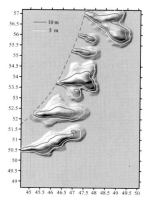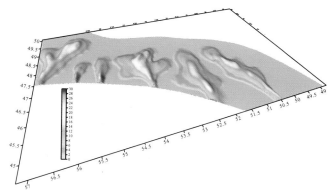

图 6-32　卫 79－濮 95 断块区 $Es4^{1-2}$ 小层砂岩厚度分布图

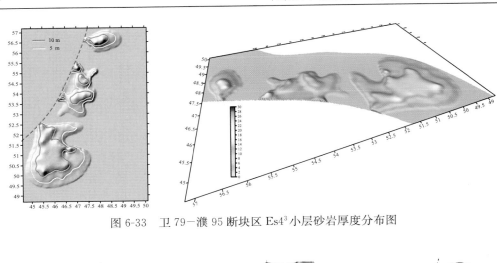

图 6-33　卫 79－濮 95 断块区 Es4³ 小层砂岩厚度分布图

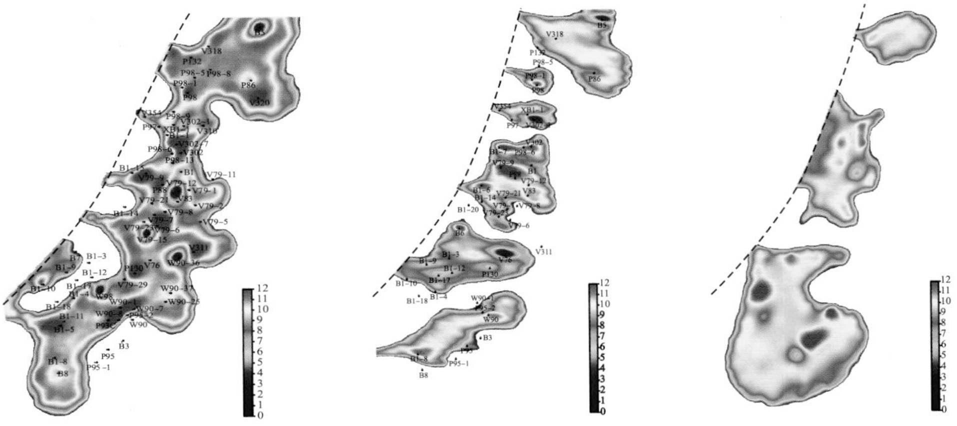

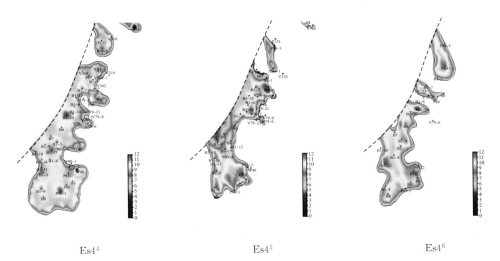

Es3x³　　　　　　　　　　Es4¹⁻²　　　　　　　　　　Es4³

图 6-34　卫 79－濮 95 断块区部分小层孔隙度分布图

Es4⁴　　　　　　　　　　Es4⁵　　　　　　　　　　Es4⁶

图 6-35　卫 79－濮 95 断块区部分小层孔隙度分布图

8. 沉积相和流体相复合相控建模成果

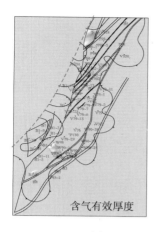
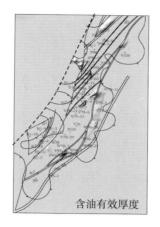
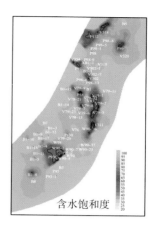

图 6-36 卫 79－濮 95 断块区 Es3x³ 小层油气层参数分布图

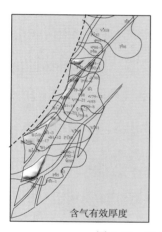
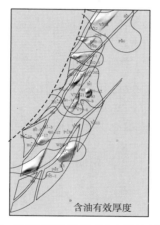
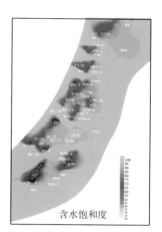

图 6-37 卫 79－濮 95 断块区 Es4¹⁻² 小层油气层参数分布图

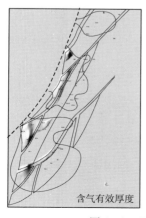
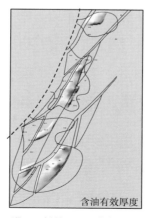

图 6-38 卫 79－濮 95 断块区 Es4³ 小层油气层参数分布图

6.4　尕斯库勒油田 E3^1 油藏精细数值模拟研究

研究时间：2004～2005 年，相控建模应用于该区储层参数的静态模型研究。

6.4.1　概况

尕斯库勒油田 E$_3^1$ 油藏为一轴向近南北的背斜构造，油藏主要受构造控制，其次受岩性影响，储层为一套第三系渐新统下干柴沟组下段（E$_3^1$）的红色碎屑岩，主要为粉砂岩、细砂岩及含砾砂岩。油藏埋深 3178～3864m，油层井段长 200～250m，划分为四个油层组，22 个小层。储层孔隙度平均 13.9%，平均渗透率 $45 \times 10^{-3} \mu m^2$，属埋藏较深的异常高温高压低孔低渗油藏。

1.　研究目的

尕斯库勒油田 E$_3^1$ 油藏是青海油田分公司的主力油田之一，是青海油田发展的基础和关键。因此，该油藏的稳产直接关系到青海油田原油产量的完成及经济效益的好坏。

截至 2004 年底 E$_3^1$ 油藏采出程度 33.1%，综合含水 55.68%，储采比为 2.4∶1，剩余可采储量采油速度为 41.5%，可采储量的采出程度为 89.14%，属于稳产临界型油藏，已逐步进入中高含水阶段。因此，进行精细油藏数值模拟是认识剩余油分布，量化油藏潜力的需要，是改善油田开发效果的必由之路。

影响油藏数值模拟精度的因素很多，最主要的因素是储层模型。拥有一个符合尕斯 E3^1 油藏地质特征的精细的静态地质模型，无疑是该区精细油藏数值模拟的关键。因此，相控建模在该课题的任务和目的就是建立尕斯 E$_3^1$ 油藏的静态数值模型。

2.　课题研究思路

通过开展油藏开发地质特征和开发动态特征的再认识，以先进技术建立数模的静态模型，运用 Eclipse 软件进行精细数值模拟和剩余油分布以及剩余储量计算，抓住 E$_3^1$ 油藏目前开发中存在的主要问题，开展剩余油挖潜的综合调整措施研究，为制订剩余油挖潜综合调整方案提供建议。

3.　相控建模研究思路

以地层对比和小层对比成果为依据，利用测井解释成果，在钻井取芯和沉积微相分布的控制下，同时考虑背斜式油水分布模式的复合控制，采用软变差函数曲线多级套合最优拟合技术，利用相控克里金井间参数预测方法，建立储层参数数值模型，并粗化形成数值模拟所需静态地质模型；以储层参数数值模型为依据，采用容积法核实各小层（油砂体）的地质储量。

4.　相控建模研究难点

（1）同时考虑沉积微相和油水分布模式的双重复合控制作用建立相控模型。

（2）考虑灰色数据计算实验变差函数曲线。

（3）模拟储层参数空间分布多重结构的多级球形模型的最优拟合方法。

（4）多级球形模型的最优套合方法。

5. 研究内容和方法

1）复合相控建模的关键技术研究

分析油水分布模式对有效厚度和含水饱和度的控制作用，研究沉积微相和油水分布模式复合控制建模的技术原理和方法；研究考虑灰色数据可信度的实验变差函数计算方法；研究单方向变差函数曲线的多级球形模型的最优拟合方法；研究多方向多级球形模型的最优套合方法；相控建模软件补充开发上述关键技术。

2）建立尕斯 E_3^1 油藏静态数值模型

运用油气参数复合相控建模理论，采用相控建模软件，展布尕斯 E_3^1 油藏各小层的砂岩厚度、有效厚度、孔隙度、渗透率、含水饱和度等参数的平面分布，建立储层参数多层三维数值模型，并粗化形成数值模拟所需静态模型。

3）地质储量复算和评价

在储层参数数值模型的基础上，采用容积法核算地质储量，并评价计算精度和储量分布特征。

6.4.2　相关研究成果

尕斯库勒油田位于青海省柴达木盆地西部南区，行政区划属青海省海西州花土沟镇。在油田范围内，北部为山区，中部为戈壁，南部为尕斯库勒湖的湖滩，地面海拔 2850～3180m。

1. 地层层序

尕斯库勒油田地层主要为一套陆相沉积，自上而下钻遇的地层为：七个泉组（Q_{1+2}）、狮子沟组（N_2^3）、上油砂山组（N_2^2）、下油砂山组（N_2^1）、上干柴沟组（N_1）、下干柴沟组上段（E_3^2）、下干柴沟组下段（E_3^1）、路乐河组（E_{1+2}）。

尕斯库勒 E_3^1 油藏是在下第三系渐新统下干柴沟组下段发育的一套陆相低渗透砂岩油藏。视厚度 190～270m，以棕红色，暗棕褐色，黑褐色粉细砂岩为主，夹棕红，暗棕红色砂质泥岩，深灰色钙质泥岩，杂色泥岩和深褐色砾岩。

油藏划分为 I～Ⅳ 油组共 22 个小层，其中 I 油组 6 个小层，Ⅱ 油组 4 个小层，Ⅲ 油组 7 个小层，Ⅳ 油组

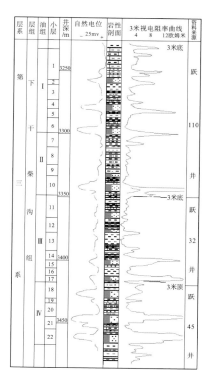

图 6-39　尕斯库勒 E_3^1 油藏地层层序

5 个小层，如图 6-39 所示。

2. 圈闭类型

E_3^1 油藏主要受构造控制，同时也受岩性影响。按圈闭类型可以分为两类：构造圈闭和岩性圈闭。构造圈闭的特点是构造高部位含油，低部位含水，油水分布受构造控制，油水界面基本上平行于构造等高线。

E_3^1 油藏以构造圈闭为主，一般主力油层都属于这种类型，如 I_4、I_6、IV_4、IV_5 小层。但由于油藏东西两翼的油水界面不一样，普遍为东高西低，所以东西两翼的油水界面线并不平行于同一等高线。

岩性圈闭则不受构造控制，同一小层没有统一的油水界面。只要有合适的岩性条件，即使在构造低部位，也同样可以形成油砂体。这种类型油砂体在 E_3^1 油藏亦存在，如 I_1、I_2、II_2、II_3、III_5、III_6 和 IV_2 等小层中的个别油砂体。

由于 E_3^1 油藏非均质性严重，非主力砂层分布不稳定，油藏的圈闭受构造和岩性因素综合影响，各油层没有统一的油水界面，构造边缘井纵向上有油水间互。所以尕斯 E_3^1 油藏属于岩性构造油藏。

3. 构造特征

尕斯库勒 E_3^1 油藏为一潜伏的同沉积背斜构造，轴向近南北向，北端略向西南，南端向东转，西翼陡，东翼缓，轴部宽平。构造南北长约 12km，东西宽约 4km，闭合面积 43km^2（以 K_{11} 标准层－650m 等高线圈定），闭合高度 400m。构造主体部位较完整，构造北端发育有 XI 号逆断层和 46 号正断层，构造南部西翼分别发育有 III 号逆断层和 146 号正断层，构造北部发育有 XII 号逆断层；1999 年在油藏内部新认识确定了 3 条正断层，分别为 S_1、S_2、S_3；另外，通过 2001 年跃检 1 井的完钻，认识了 S_4 正断层。

构造南北区各有一个背斜高点，跃 6-7－跃 7-6 井区和跃 13-6－跃 14-6 井区。在构造北区－中区构造主体部位由于受 S_1、S_2、S_3 三条断层影响，形成两个断鼻高部位，即跃 10-37 井区和跃 10-7－跃 11-7 井区。构造由浅到深，形态变化不大，构造轴线由 K_{11} 到 K_{12} 略向西偏移，偏移距离 50～100m 不等，如图 6-40 所示。

4. 储层特征

1）岩性特征

以细砂岩为主，其次为粉砂岩、中砂岩、底部为砾状砂岩、砾岩；岩石类型主要为石英砂岩和长石－石英砂岩；碎屑含量占 60%～80%，胶结物含量占 20%～40%，成分主要为石英、长石，其次为变质岩块及云母；胶结物为次生方解石、铁土质、硬石膏、石膏；胶结类型以孔隙－基底式胶结为主，其次为接触式胶结。

2）储集类型

砂砾岩孔隙性储集类型；以次生孔隙为主，原生孔隙次之；孔隙类型有溶蚀、残余、粒间等孔隙和裂缝。

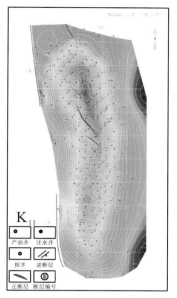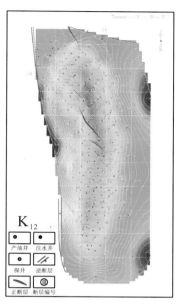

图 6-40　尕斯库勒 E_3^1 油藏 K_{11}、K_{12} 标准层构造图

3）孔隙结构

孔隙半径一般为 0.1～2.5 μm，平均为 3～4 μm；大孔隙半径值及峰位一般大于 4 μm，主要流动孔隙半径为 2～7 μm；小孔隙半径一般小于 3 μm，孔隙分布不均匀，峰位不明显，主要流动孔隙半径 1～5 μm。

孔隙分选系数为 1.6～3.0，均质系数一般为 0.30～0.70，平均为 0.45，表明孔隙均质程度偏低，孔隙大小不均，孔喉为粗长度，孔道弯曲程度较小。E_3^1 油藏平均退汞效率为 51.3%。

4）润湿性

通过检 1 井 31 块样品润湿性实验分析资料统计，37.63% 的样品属弱亲水或亲水，22% 样品属中性，40.38% 样品属弱亲油或亲油。即 E_3^1 油藏为中性偏亲油的非均匀润湿性油藏。

纵向上自上而下亲水性减弱，亲油性增强，在平面上亲水性北部比南部强。其中 Ⅰ 油组属偏亲水，Ⅱ 油组属中性偏亲水，Ⅲ 油组属中性偏亲水，Ⅳ 油组属中性偏亲油。

开发初期 9 口取芯井 82 块样品水驱油实验研究表明，无水采收率较低，最终采收率较高可达到 40% 以上；油藏为中性润湿性；相渗曲线共渗点含水饱和度接近 50%，束缚水饱和度较低，平均为 25%；残余油饱和度较高，平均为 33%；在注水开发过程中，油藏见水后，含水上升较快，需要特别重视稳油控水的工作，以保持油田的稳产。

5. 沉积特征

E_3^1 时期尕斯库勒地区经历了湖进→湖退→湖进的变化过程，形成了一个复合沉积旋回。其地层共分为三种沉积相、五种亚相、十五种微相、八种砂体。

E_3^1 的早期，主要处于三角洲前缘的水下环境，形成三角洲前缘亚相。发育有水下分流河道砂体、前缘滩地砂体（图 6-41 Ⅳ₅）、河口坝砂体、远端坝砂体和席状砂体（图 6-41

IV_4)，分布于$\text{IV}_5 \sim \text{IV}_3$小层中；$E_3^1$中期湖水长期退出本区，主要处于三角洲平原环境，形成了平原亚相，发育有分流河道砂体和泛滥河道砂体（图 6-41 III_3），分布于IV_2、IV_1、$\text{III}_7 \sim \text{III}_1$、$\text{II}_4 \sim \text{II}_1$等小层中，与下部地层构成一个湖退相序；$E_3^1$晚期本区湖侵，发育三角洲前缘亚相，形成了河口坝砂体、远端坝砂体、席状砂体（图 6-41 I_4），分布于$\text{I}_6 \sim \text{I}_4$小层，后来进一步发育了滨湖和浅湖亚相，如$\text{I}_3 \sim \text{I}_1$小层，构成了一个湖进相序。

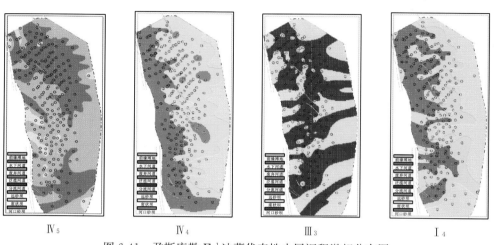

IV_5　　　　　　IV_4　　　　　　III_3　　　　　　I_4

图 6-41　孕斯库勒 E_3^1油藏代表性小层沉积微相分布图

6. 沉积相控特征

统计孕斯 E_3^1油藏 22 个小层各沉积微相的砂岩厚度、孔隙度和渗透率如图 6-42 所示。可以看出，水下分流河道、河口砂坝和远砂坝的砂体较厚，而废弃河道和泛滥汉道的砂体较薄，前缘滩地、分流河道和席状砂的砂体厚度中等，在同期各微相之间，砂岩厚度变化明显，有利于相控模型的建立；孔隙度和渗透率具有较一致的变化规律，明显河口坝砂体、远端坝砂体、席状砂体和分流河道砂体的孔渗高于废弃河道砂体、泛滥汉道砂体、水下分流河道砂体和前缘滩地砂体的孔渗；虽然废弃河道砂体和泛滥汉道砂体的厚度和孔渗均较相似，但两者在平面位置上有区别，不影响相控模型的建立。

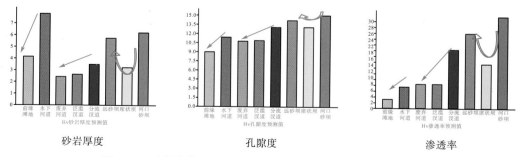

砂岩厚度　　　　　　　孔隙度　　　　　　　渗透率

图 6-42　孕斯库勒 E_3^1油藏沉积微相平均储层参数直方分布图

整个孕斯 E_3^1油藏各沉积微相的砂岩厚度统计直方分布如图 6-42 所示。河口砂坝、水下分流河道砂体和前缘滩地微相砂岩厚度成正态分布；席状砂、分流河道、泛滥汉道和废弃河道微相的砂岩厚度也成正态分布，但厚度偏薄，废弃河道接近对数正态分布；远砂坝微相砂岩厚度成双峰正态分布。这些非单峰正态分布的特征，在单层统计中均较弱。

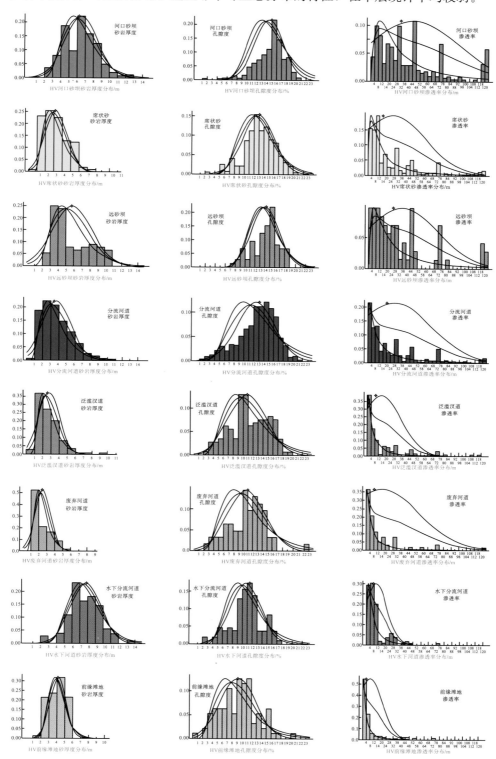

图 6-43　尕斯库勒 E_3^1 油藏沉积微相储层参数直方分布图

尕斯 E_3^1 油藏储层低孔低渗，但孔渗统计直方分布变化较大，如图 6-43 所示。其中孔隙度分布的正态性较强，但有峰值偏高的特征，这是因为 I 油组孔隙度明显高于其他油组所造成的，在单层统计中峰值偏高的非正态特征消失；渗透率统计变化较大，特别是河口砂坝微相，渗透率"拖尾"较严重，直至偏中渗，渗透率整体上成对数正态分布，单层统计对数正态分布特征更明显。

7. 空间分布结构分析方法改进

不考虑数据来源的可信度，计算实验变差函数曲线公式如下：

$$\gamma^*(h) = \frac{1}{2N(h)} \sum_{i=1}^{N(h)} \left[Z(x_i + h) - Z(x_i) \right]^2 \tag{6-1}$$

考虑虚拟井数据和实际钻井数据，改进实验变差函数曲线计算公式如下：

$$\gamma^*(h) = \frac{1}{2\sum_{i=1}^{N(h)} W_i} \sum_{i=1}^{N(h)} \left\{ W_i \left[Z(x_i + h) - Z(x_i) \right]^2 \right\} \tag{6-2}$$

其中，W_i 为数据点对的权重值，等于数据点对的可信度算术平均值；其他变量的物理意义见 3.2.4.4 节。

由于虚拟井提取的数据来源于相控模型，相控模型的数据是反映地质趋势特征的灰色数据。因此，计算实验变差函数时必然要考虑数据点对的灰色程度或可信度，所以计算的实验变差函数曲线称为"软"实验变差函数曲线，如图 6-44 所示。

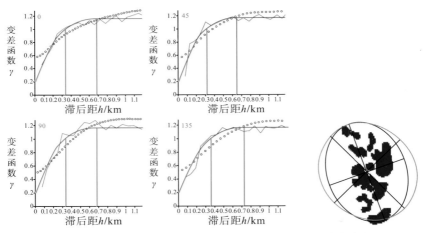

图 6-44　尕斯库勒 $E3^1$ 油藏 I_1 小层砂岩厚度变差函数曲线拟合图

图中折线和"圆点"线均为按式(6-2)计算的"软"实验变差函数曲线，折线采用虚拟井和实际钻井数据，圆点线全部采用相控趋势模型的灰色数据，供拟合分析时参考。拟合理论变差函数曲线采用了多级球形叠合模型(2 级)。

可以看出，"软"实验变差函数曲线清晰地反映了该小层砂岩厚度的空间分布结构特征，曲线随有起伏，但拱高段和基台段都较稳定，易于拟合。相控趋势模型数据平滑，所以计算的"软"实验变差函数曲线也较平滑，拱高段与基台段的分界限不明显，若虚拟井和实际钻井数据计算的"软"实验变差函数曲线，因起伏太大而不能拟合时，此时可以参考该曲线进行拟合。

图 6-44 还给出了该层利用沉积微相分布形态计算的各向异性椭圆（黑色椭圆）。由于该层沉积为河口砂坝和滨浅湖的过渡区，砂岩厚度各向异性不严重，沉积微相分布形态自动预测各向异性比为 1.3189，最大变程方向 110°。在此基础上手工稍加调整和完善，最后以各向异性比 1.1289，最大变程方向 135°，较优地拟合和套合了该层砂岩厚度"软"实验变程函数曲线，给拟合工作带来方便，降低了变差函数拟合分析的难度。

上述技术提高了地质建模的相控程度，提高了相控建模软件的自动化程度，软件得到完善，并更名为油气藏相控地质建模软件 FCRM5。

8. 沉积相控储层参数分布的典型比较

上述统计分析说明，尕斯 E_3^1 油藏的沉积微相对储层参数有着较强的控制作用，因此该区的沉积微相分布形态决定了储层参数的分布形态，典型对比如图 6-45～6-47 所示。

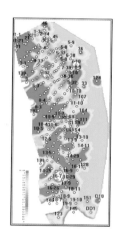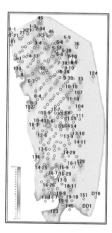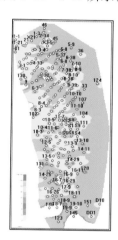

沉积微相　　　　　　砂岩厚度　　　　　　孔隙度　　　　　　渗透率

图 6-45 尕斯库勒 E3¹ 油藏 I₆ 小层沉积相控对比图

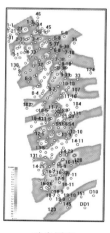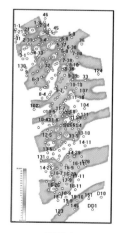

沉积微相　　　　　　砂岩厚度　　　　　　孔隙度　　　　　　渗透率

图 6-46 尕斯库勒 E3¹ 油藏 Ⅲ₃ 小层沉积相控对比图

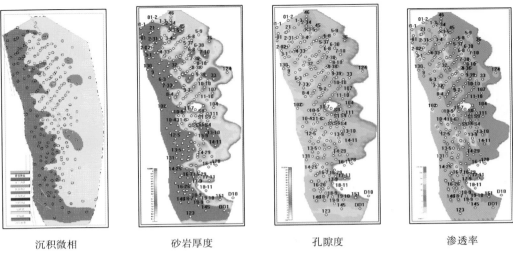

沉积微相　　　　　　砂岩厚度　　　　　　孔隙度　　　　　　渗透率

图 6-47　尕斯库勒 E3¹ 油藏Ⅳ₄ 小层沉积相控对比图

9. 沉积微相与油水分布模式的复合控制特征

尕斯 E_3^1 油藏受构造和岩性的双重控制，在位于构造高部位的含油区内，孔、渗较好的地区通常是含水饱和度较低，且净储比接近于 1 的油层，但若孔、渗较低，则多为干层，多数位于砂体尖灭线附近或一些泛滥汉道和废弃河道微相。在含油区的边部出现一些油水同层和少量含油水层，各小层构造较深的边部多为水层，同时也有一些边水区的干层，由于水区的干层与水层的区别仅在于有无可动水，建模中未予以区分。

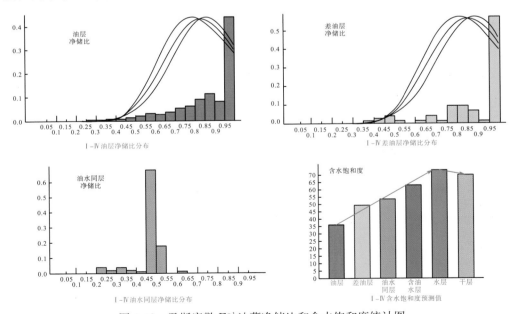

图 6-48　尕斯库勒 E3¹ 油藏净储比和含水饱和度统计图

统计尕斯 E_3^1 油藏 22 个小层的净储比和含水饱和度如图 6-48 所示。可以看出，油层和差油层的净储比分布相似，有 45% 以上的油层或差油层净储比为 1，说明该区含油性较好。但由于该区属于低孔低渗储层，因此受物性影响在含油区也有部分净储比低于 1，由于差油层比油层的含水饱和度相对较高，可以区分二相。油水同层的净储比绝大多数为 0.5 左右，受物性影响仅少量油水同层净储比低于 0.45，分布形态为较集中的正态分布。水层、含油水层和干层的有效厚度为零，因此净储比为零。

含水饱和度按油层、差油层、油水同层、含油水层、水层依次增高。因为不划分水层和含油水层中的干层，只统计了油层、差油层和油水同层区域的干层，因此干层含水饱和度较水层略微降低，如 6-48 右下图所示。油层、差油层、油水同层、含油水层、水层和干层统计含水饱和度均符合正态分布特征，如图 6-49 所示。

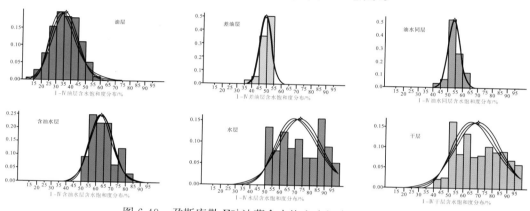

图 6-49 尕斯库勒 E3^{1}油藏含水饱和度概率统计直方图

10. 复合相控油层参数分布的典型比较

上述分析说明，尕斯 E3^{1}油藏的有效厚度受沉积微相和油水分布模式的双重控制，因此利用净储比作为中介参数进行有效厚度相控建模。而含水饱和度只与油水分布有关，因此用油水分布模式对含水饱和度进行相控建模，典型对比如图 6-50 所示。

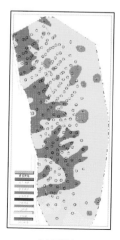
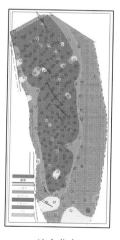
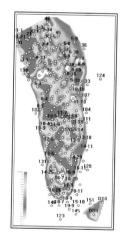
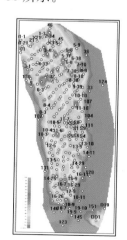

沉积微相   油水分布   有效厚度   含水饱和度

图 6-50 尕斯库勒 E3^{1}油藏 I$_6$小层复合相控对比图

11. 相控建模部分成果

逐个建立了 22 个小层的砂岩厚度、孔隙度、渗透率、含水饱和度等数值分布，为油藏数值模拟提供了静态模型。下面仅以Ⅰ油组 6 个小层展示尕斯 E₃¹ 油藏相控建模成果，其他小层在此略过。

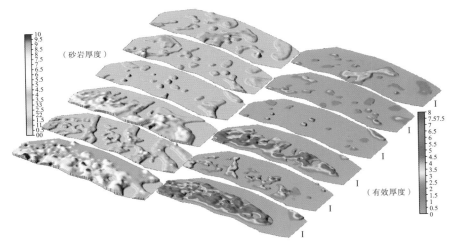

图 6-51　尕斯库勒 E3¹ 油藏Ⅰ油组砂岩厚度与有效厚度分布图

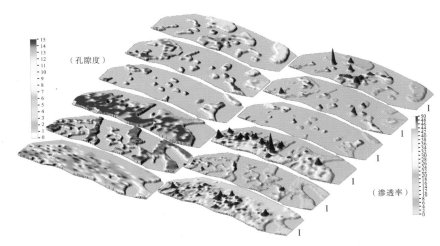

图 6-52　尕斯库勒 E3¹ 油藏Ⅰ油组孔隙度与渗透率分布图

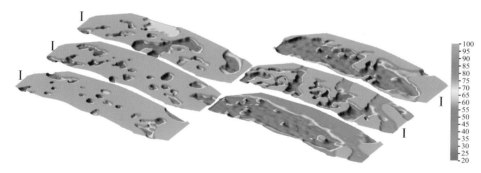

图 6-53　尕斯库勒 E3^1 油藏 I 油组含水饱和度分布图

6.5　留西油田低渗透油藏开发技术对策研究

研究时间：2007～2009 年，相控建模应用于该区低渗透断块油藏描述研究。

6.5.1　概况

留西油田位于冀中坳陷留西构造带中部，处于留 17 断层和留 412 断层交叉的狭长地区，整体构造为一大的断阶构造带，自东向西阶阶下掉，构成北向东延伸的长条形断阶结构。区内断层密集，断块破碎，主要发育构造油藏。由北东向西南分为留 416、留 17、路 44、留 80 这 4 个区块，研究层系为 Es3 中、上亚段，其埋深依次加大。留 416、留 17 断块已生产 21、29 年，陆 44 断块 7 年前投入开发，留 80 断块刚投产 4 年。

1.　勘探开发存在问题

（1）油藏构造破碎，断层多，断块多，勘探开发难度大。

（2）砂层厚度大，平面变化快，隔夹层分布不稳定，储层非均质严重。

（3）油层埋藏深，平均在 3206m 左右。

（4）储层物性差，平均渗透率 17×10^{-3} μm^2 左右；原油物性差异大，留 416 断块原油密度高、黏度高、胶质沥青含量高。

（5）开发中出现注水压力高，吸水能力差，油井能量低，采液强度低的特点。

2.　课题研究思路

在构造精细解释、测井解释、高分辨率层序地层学沉积旋回及沉积微相研究的基础上，对留西油田低渗透油藏开展沉积相和流体相的复合相控建模研究，建立构造格架模型、沉积微相模型、储层参数模型和储量分布模型，对已开发区进行数值模拟，开展油藏综合评价、剩余油评价、开发动态评价、储层改造与保护技术研究，研究开发矛盾的根本原因，寻找下一步评价目标和开发政策界限，制定留西低渗透油藏开发技术调整方案。

3. 相控建模研究思路

针对留西油田构造复杂、低渗储层、非均质性严重的特点，研究沉积微相对留西油田低渗透储层的控制作用，以及复杂断层和构造起伏对油水分布的控制作用，分别对留416、留17、路44、留80断块各小层的砂岩厚度、储层厚度、有效厚度、孔隙度、渗透率、含水饱和度、夹层密度等参数进行沉积相控或复合相控井间预测，建立了储层参数数值模型。

结合沉积微相分布特征和储层参数变差函数拟合结果，对各断块从纵向和平面上进行砂体发育、储层物性、含油气性、非均质性等特征的分析研究，对制约留西油田低渗储层储量动用的主控因素进行深入的研究和认识。以渗透率和储量丰度为主，辅以孔隙度、有效厚度、储量分布和非均质性，分区分层进行综合分类评价，预测有利区，为下一步评价目标优选提供依据。

4. 相控建模研究难点

(1)构造破碎，断层多，断块多，油水关系复杂。
(2)河道侧向粘连，局部改向频繁，与全局各向异性方向冲突。
(3)留17断块的井斜测井质量不高。

5. 课题研究内容

(1)高分辨率层序地层与沉积相特征研究。
(2)三维构造解释与构造建模。
(3)储层参数相控建模与综合评价。
(4)开发效果分析与评价。
(5)储层动用状况评价。
(6)开发技术政策论证。
(7)开发调整方案部署及预测。
(8)储层保护技术对策研究。

6.5.2 相关研究成果

1. 构造特征

留西油田位于饶阳凹陷中部，东西向是一个夹持于留路断层和大王庄东断层之间的地堑带，南北向是北西向延伸的古梁子。该构造带西面是大王庄构造带，北至留北潜山，南临留楚构造。由北东向西南留西油田由留416、留17、路44、留80这4个断块组成。

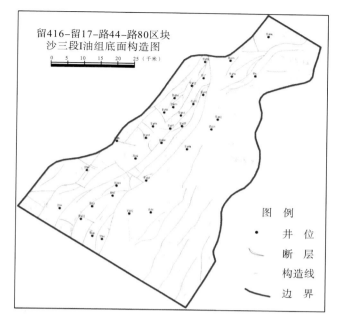

图 6-54 留西油田 Es3 段顶部构造图

图 6-55 留西油田留 416 断块Ⅱ油组、Ⅲ油组构造模型

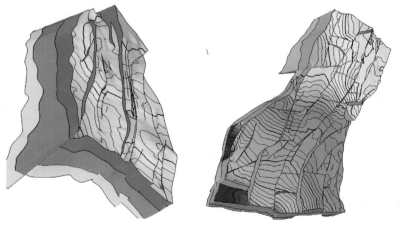

图 6-56 留西油田留 17 断块、路 44－留 80 断块区构造模型

2. 层序地层对比

留西地区 Es3 段可识别的界面划分为 3 个等级，即长期基准面旋回、中期基准面旋回和短期基准面旋回。

1）长期基准面旋回界面

该区目的层段仅可识别出 1 个长期基准面旋回，为受构造运动强弱变化控制的区域性湖进－湖退沉积序列，其底界面代表了长时间的沉积间断。在岩芯与测井曲线中显示为：大套砂砾岩层底部，表现为河道下切的冲刷间断面，与下伏地层呈不整合接触关系，岩性突变；在留 88 井到留 83 井一带表现为发育于不整合面之上的下切河道。

2）中期基准面旋回界面

该类界面为受气候和物源补给量较长周期旋回性变化影响的湖泊水位低幅度下降作用形成的界面，在古地势相对高值区为一定时间的暴露界面，可形成侵蚀不整合面和沉积间断面。在该区大部分地区主要表现为相关的岩性变化界面。该类界面为建立盆地等时的高分辨率层序地层格架的基础。在留西地区 Es3 段岩芯及测井曲线上主要表现为砂岩与下伏岩层的岩性突变，反映了基准面转换过程中的湖水水位与物质供给发生的变化。

3）短期基准面旋回界面

该类界面是受气候和沉积自旋回过程等因素的控制，是与基准面韵律性变化所导致的短暂冲刷或间歇暴露作用有关，或为沉积物过路状态的无沉积间断面，欠补偿沉积形成的无沉积间断面等。其发育频率高，但影响范围小。一般显示为十余米至数十米的规模。其成因可能与短偏心率天文周期引起的气候变化有关。在测井曲线中识别标志较为清晰，表现形式多样。层序的表现形式可由数个相邻发育的岩性组成加积→进积、加积→退积、进积→加积→退积或进积→加积→退积→加积→进积等多种单向或双向移动的沉积序

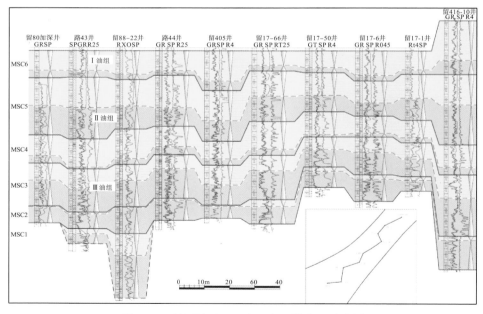

图 6-57　留西油田 Es3 中、上亚段全区对比图

列；以冲刷面、无沉积间断面或整一界面为层序界面；是该区油层规模的地层对比基础。

在层序地层划分的基础上，留西油田 Es3 中、上亚段划分为Ⅰ、Ⅱ、Ⅲ油组，其下又分为 Es3-Ⅰ$_1$～Ⅰ$_4$、Es3-Ⅱ$_1$～Ⅱ$_8$ 和 Es3-Ⅲ$_1$～Ⅲ$_6$ 小层，划分原则是：

（1）将 Es3 上亚段下部含油层段统一为 Es3Ⅰ油组；将原留 17 断块 Es3 下亚段的Ⅰ、Ⅱ油组统一命名为 Es3Ⅱ、Ⅲ油组；原留 416 断块Ⅱ、Ⅲ油组不变，但统一到 Es3Ⅱ、Ⅲ油组的名称。

（2）原 Es3 中底界面（Es3Ⅲ油组底界）基本不变；Es3Ⅱ油组的顶界基本不变；Es3Ⅲ油组在原留 17 断块分层基础上 5～6 分；Es3Ⅱ油组 8 分，底界以全区标志层"泥脖子"段泥岩为界。

3. 沉积特征

留西地区 Es3 中、上亚段沉积期为湖盆拉张深陷期，气候温暖潮湿，受湖盆扩张的影响，留路地区辫状河发育，并携带大量主要来自于献县凸起的粗粒陆源碎屑入湖形成大面积的辫状河三角洲沉积。

根据岩石学特征、原生沉积构造、测井和地震特征，留西油田识别出下切谷、辫状河三角洲相和湖泊相三种沉积相类型、11 微相类型。下切谷相沉积划分为河床亚相和河漫亚相，进一步划分出河道、河漫滩和泛滥平原 3 种微相；三角洲平原亚相由辫状河道和漫滩沉积组成，其中以辫状河道沉积为主，为牵引流沉积；三角洲前缘亚相据沉积特征的不同，进一步划分为水下分流河道、河口砂坝、分流间湾和远砂坝等微相。留西油田代表性沉积微相分布如图 6-58 所示。

图 6-58　留西油田 Es 上亚段典型沉积微相分布图

4. 相控建模成果

根据沉积微相和流体相对储层的控制作用，采用完善升级后的"油气藏相控地质建模软件"FCRM6，对留西油田 Es3 中、上亚段 3 个油组共计 18 个小层进行了相控建模。砂岩厚度和有效厚度分布如下，孔、渗、饱分布图略。

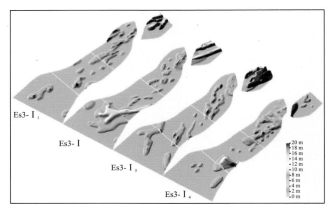

图 6-59　留西油田 Es3 上亚段Ⅰ油组砂岩厚度分布图

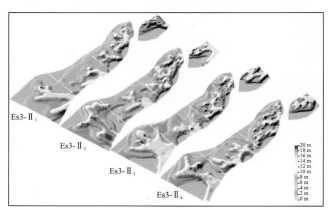

图 6-60　留西油田 Es3 上亚段Ⅱ上油组砂岩厚度分布图

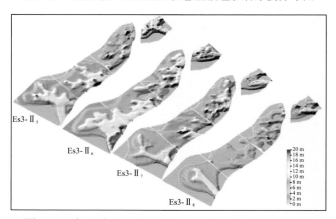

图 6-61　留西油田 Es3 上亚段Ⅱ下油组砂岩厚度分布图

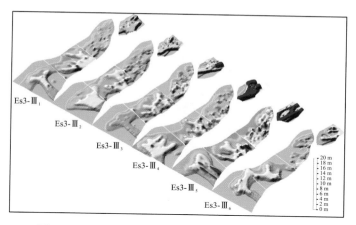

图 6-62 留西油田 Es3 上亚段Ⅲ油组砂岩厚度分布图

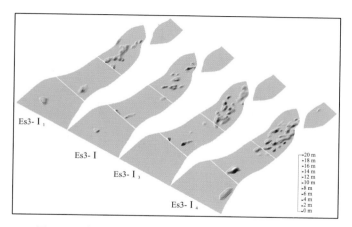

图 6-63 留西油田 Es3 上亚段 Ⅰ 油组有效厚度分布图

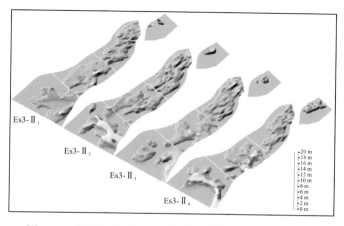

图 6-64 留西油田 Es3 上亚段Ⅱ上油组有效厚度分布图

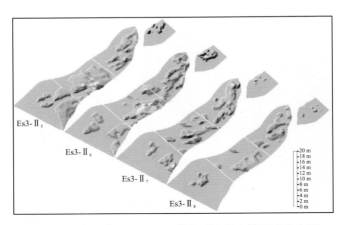

图 6-65　留西油田 Es3 上亚段 Ⅱ 下油组有效厚度分布图

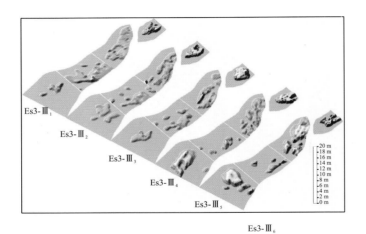

图 6-66　留西油田 Es3 上亚段 Ⅲ 油组有效厚度分布图

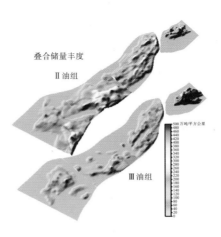

图 6-67　留西油田 Es3 上亚段 Ⅱ 油组、Ⅲ 油组储量丰度分布图

5. 分类评价成果

按油田行业标准，渗透率 $<10\times10^{-3}$ μm² 为特低渗，$10\times10^{-3}\sim50\times10^{-3}$ μm² 为低渗，$\geq50\times10^{-3}$ μm² 为中渗。

留西油田 Ⅱ、Ⅲ 油组所有小层的储量丰度平均为 40.7×10^4 t/km²，取 $\geq40\times10^4$ t/km² 为高丰度，取 $<20\times10^4$ t/km²（40 的一半）为低丰度，$20\sim40\times10^4$ t/km² 为中丰度。因此，留西油田油层分类标准如表 6-9 所示。

表 6-9　留西油田 Es3 上亚段油层分类评价标准

储量丰度 /(10^4 t/km²)	渗透率/10^{-3} μm²		
	1~10	10~50	≥50
≥40	V	Ⅲ 低渗高丰度	Ⅰ 中渗高丰度
20~40		Ⅳ 低渗中丰度	Ⅱ 中渗中丰度
<20	特低渗或低丰度		

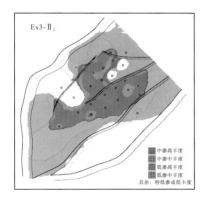

渗透率和储量配合较好的以中渗高丰度 Ⅰ 类油层为主的小层，如 Ⅱ₄ 和 Ⅲ₂

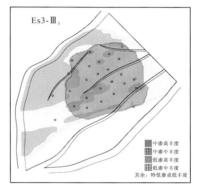

配合不好的以低渗高丰度 Ⅲ 类油层为主的小层，如 Ⅱ₆、Ⅲ₁、Ⅲ₃、Ⅲ₄ 和 Ⅲ₅

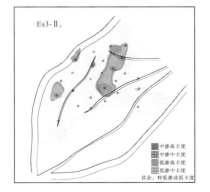

以特低渗或低丰度 V 类油层为主的小层，如 Ⅱ₁、Ⅱ₂、Ⅱ₃ 和 Ⅱ₅

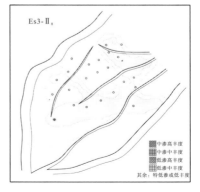

甚至基本全是特低渗或低丰度 V 类油层的小层，如 Ⅱ₇ 和 Ⅱ₈

图 6-68　留西油田 Es3 上亚段留 416 断块储层综合评价结果（典型类型）

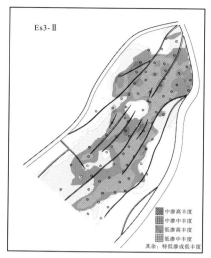
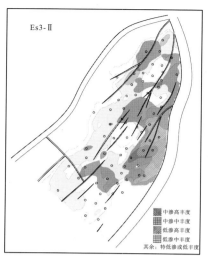

由于留 17 断块渗透率较低,综合评价后,中渗储层较少,并且向下几乎没有中渗储层。其中,渗透率和储量配合较好的以低渗高丰度Ⅲ类油层为主的小层如Ⅱ$_1$(左图)和Ⅱ$_2$;渗透率和储量配合不好,具有较多低渗低丰度和特低渗中高丰度的Ⅴ类油层,如Ⅱ$_3$、Ⅱ$_4$、Ⅲ$_1$(右图)和Ⅲ$_5$

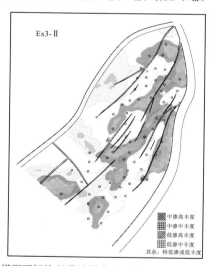
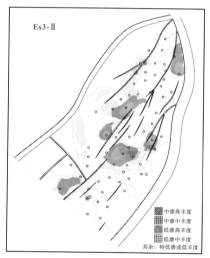

以储渗搭配不好的Ⅴ类油层为主,如Ⅱ$_5$、Ⅱ$_6$(左图)、Ⅱ$_7$、Ⅲ$_2$、Ⅲ$_3$和Ⅱ$_4$;低渗较少,中高丰度较少,基本上是特低渗或低丰度Ⅴ类油层的小层,如Ⅱ$_8$(右图)

图 6-69 留西油田 Es3 上亚段留 17 断块储层综合评价结果(典型类型)

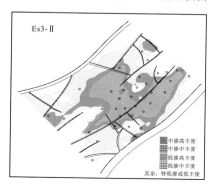
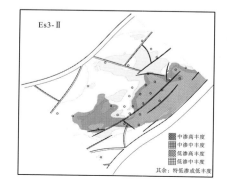

　　路 44 断块渗透率也较低，综合评价后，虽然基本上无中渗储层，但低渗与储量丰度搭配较好，形成低渗中高丰度储层较多。其中，渗透率和储量配合较好的以低渗高丰度Ⅲ类油层为主的小层如Ⅱ₁、Ⅱ₂(左图)、Ⅱ₃、Ⅱ₄和Ⅱ₅；渗透率和储量配合不好，Ⅲ类油层外有较多特低渗或低丰度的Ⅴ类油层，如Ⅱ₆和Ⅲ₁(右图)

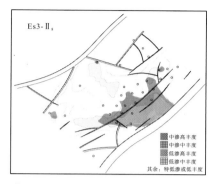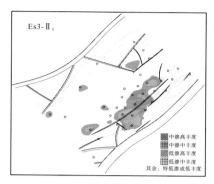

　　Ⅲ类油层较少，特低渗或低丰度的Ⅴ类油层较多，如Ⅱ₇、Ⅱ₈(左图)和Ⅲ₂；基本上是特低渗或低丰度Ⅴ类油层的小层，如Ⅲ₃(右图)、Ⅲ₄和Ⅲ₅

图 6-70　留西油田 Es3 上亚段路 44 断块储层综合评价结果(典型类型)

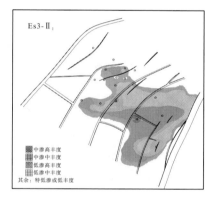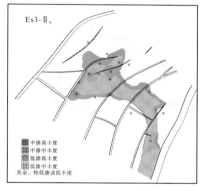

　　留 80 断块渗透率在留西油田是最低的。综合评价后，Ⅱ₁(左图)和Ⅱ₅相对较好，发育一些低渗中丰度Ⅳ类油层，外部是特低渗或低丰度Ⅴ类油层；Ⅱ₂、Ⅱ₃、Ⅱ₄(右图)、Ⅲ₄和Ⅲ₅等小层特低渗中高丰度Ⅴ类油层较多

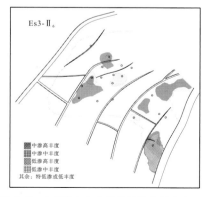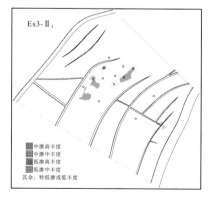

　　Ⅱ₆(左图)和Ⅲ₂小层基本上全是特低渗或低丰度Ⅴ类油层；Ⅱ₇、Ⅱ₈、Ⅲ₁和Ⅲ₃(右图)小层，渗透率很差，仅分布少量特低渗或低丰度Ⅴ类油层

图 6-71　留西油田 Es3 上亚段留 80 断块储层综合评价结果(典型类型)

6. 储量动用状况

开发时间较长的留 416 和留 17 断块经过数值模拟后，比较原始储量丰度与目前剩余油储量丰度如图 6-72 所示，从而进行储量动用程度评价。

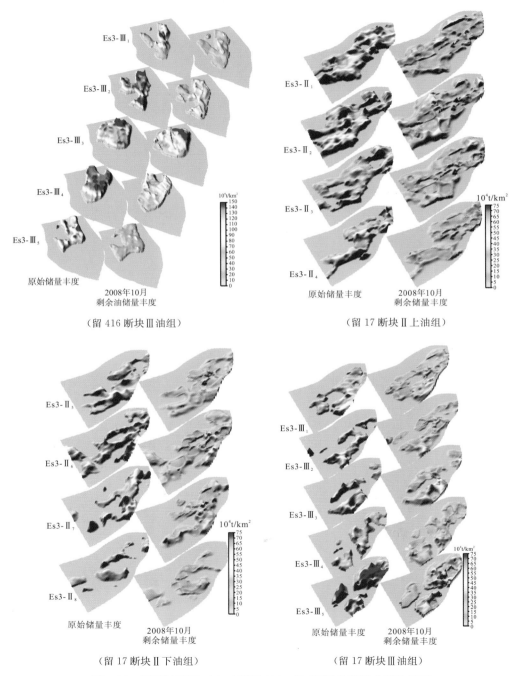

图 6-72   留西油田沙三上亚段留 416、留 17 断块储量动用比较图

6.6 文 31 断块综合调整治理方案编制

研究时间：2014～2015 年，相控建模应用于该区复杂断块油藏储层建模。

6.6.1 概况

文 31 断块位于河北省任丘市陈村，构造上属于霸县凹陷南马庄构造带文安斜坡构造南段，含油层位 Es2 段，含油面积 2.4km^2，地质储量 269×10^4 t，可采储量 80.7×10^4 t。1983 年 9 月投入试采，1986 年 6 月全面投入开发，1999～2000 年运用三维地震资料对断块重新进行了解释，对断块进行了滚动扩边，先后补钻了 11 口调整井，2005 年针对断块开发中存在的主要问题，进行了精细油藏描述，对断块的构造特征、储层特征进行精细研究，并建立了精细地质模型，同时开展了数值模拟研究，对剩余油分布有了进一步的认识。基于新成果及在开发中出现的平面、层间矛盾突出、水驱控制程度、水驱动用程度较低等问题，编制了断块综合治理方案，达到改善开发效果的目的。

1. 研究目的

截止到 2014 年 12 月，断块在 Es2 段共累积产油 83.49×10^4 t，采出程度达到 31%，已经超过原储量报告的可采储量和采收率。而且目前仍有 15 口生产井，日产油 40t，综合含水 92.84%，采油速度 0.51%。分析认为文 31 断块仍具有较大潜力，如何针对目前油水关系，进一步挖潜剩余油，需要进行更加深入的研究，编制科学合理的综合调整治理方案，配合整个文安油田进行综合调整治理，因此开展本项目的研究。

2. 研究思路

以构造、沉积、储层、流体研究为主线，进行构造解释、地层对比、沉积微相、相控建模和综合评价研究，开展动态分析和劈产工作，研究剩余油平面分布，动、静结合评价剩余油潜力区，研究剩余油类型和形成的主要因素，强调多学科高效协同，采用高新技术，一切为剩余油挖潜服务，编制科学合理的综合调整治理方案。

3. 研究内容和方法

1)构造解释，落实文 31 断块各油藏顶面构造

开展三维地震解释，结合地层对比，落实断裂系统及断层发育特征；综合应用钻井、地震、测井等数据，落实断点位置，合理组合断层，建立断层格架模型；运用三维地质建模 Petrel 软件与地震解释和地层对比反复交互验证，结合井斜校正，建立构造模型，编绘文 31 断块各油藏顶面构造图，以及油藏主要构造剖面图。

2)小层对比，落实砂体连通关系

收集该地区已有的分层资料，进行地层对比，建立文 31 地区对比格架，进行全区地层对比；在地层格架的控制下，钻井、测井与单井沉积微相结合，对文 31 断块进行精细

的小层对比，落实砂体连通关系。

3）小层沉积微相研究

充分利用现有地质资料，从岩石类型、碎屑和胶结物特征等来分析沉积微相特征；通过井段相分析，总结归纳出沉积微相类型和特征；通过对地层厚度、砂岩厚度和砂泥比分布规律的研究，结合单井沉积微相划分，研究各小层沉积微相的平面分布规律，编制小层沉积微相分布图。

4）相控建模与分类评价

应用油气藏相控地质建模软件，对储层及参数进行相控建模。运用钻井取芯和测井解释成果，结合沉积微相进行单井储层评价；研究沉积微相对砂体厚度和孔、渗的控制作用，建立小层沉积微相控制模型；研究油水分布的构造和岩性成因，结合沉积微相对储层的控制作用，以有效厚度和含水饱和度建立小层沉积和流体复合相控模型；开展储层参数空间分布结构分析，预测井间储层参数分布，建立砂体厚度、有效厚度、孔隙度、渗透率、含水饱和度的分布模型；开展储层分类评价，核实储量，预测有利区分布。

5）历次措施效果评价

采用产量递减、累积产量曲线、水驱特征曲线等方法，结合单井生产动态分析，针对历次增产增注等措施，开展实施效果评价，总结措施的成败因素，为编制调整治理方案做准备。

6）剩余油分布研究

结合构造特征、沉积微相、储层和非均质评价结果，研究影响剩余油分布的主要因素；利用产吸剖面资料，分析纵向上水驱动用程度和水淹状况；利用较新井的生产动态资料，研究油水分布规律，结合各向异性非均质性特征，分析注入水和边水的推进方向；动、静结合，采用模糊综合评判方法，预测剩余油分布的有利地区。

7）调整治理方案研究

研究降低层间矛盾，协调产吸剖面，提高水驱动用程度的措施；分析现有注采井网的适应性，研究井网局部完善和提高水驱控制程度的措施；根据剩余油分布特征，结合构造、沉积、储层研究结果，分析评价剩余油挖潜的有利井区，提出措施调整井位，编制文 31 断块调整治理方案。

6.6.2 相关研究成果

1. 地层对比成果

根据层序地层学和沉积特征，将文 31 断块 Es2 段地层划分为 2 个油组 13 个小层，其中 I 油组 8 个小层，II 油组 5 个小层。电性对比特征如图 6-73 所示，分层方案如下：

表 6-10 文 31 断块 Es2 段小层划分方案

油组	序号	小层号	含油性	油组	序号	小层号	含油性
Es2- I	1	I$_1$	零星含油	Es2- II	1	II$_1$	不含油
	2	I$_2$	零星含油		2	II$_2$	不含油

续表

油组	序号	小层号	含油性	油组	序号	小层号	含油性
Es2-Ⅰ	3	Ⅰ$_3$	主力油层	Es2-Ⅱ	3	Ⅱ$_3$	不含油
	4	Ⅰ$_4$	主力油层		4	Ⅱ$_4$	不含油
	5	Ⅰ$_5$	主力油层		5	Ⅱ$_5$	1 口井含油
	6	Ⅰ$_6$	主力油层				
	7	Ⅰ$_7$	零星含油	共计对比 36 口井			
	8	Ⅰ$_8$	零星含油				

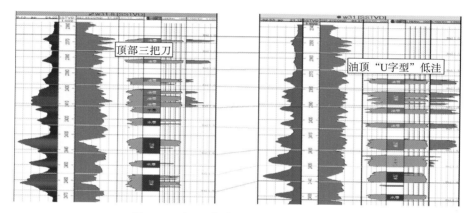

图 6-73　文 31 断块地层对比电性特征图

2. 构造特征

文 31 断块位于河北省任丘县陈村，构造上属于霸县凹陷南马庄构造带文安斜坡构造南段，其南与南马庄马二断块相邻。文 31 断块的构造比较完整，为一断鼻构造油藏，主要被南北走向的议论堡逆断层和北东—南西走向的主断层（文 31-11）所控制，断块内仅有一条封闭小断层，与主断层西南端大致平行，不影响整个构造的完整性。自西北向东南倾覆，倾角为 4°~6°，构造高点在主断层的 31-12x 井附近，如图 6-74 所示。

3. 沉积相分布特征

文安地区 Es2 段是在 Es3 段晚期逐渐抬升的构造作用下、大段粗碎屑岩背景上接受沉积的。Es2 段时期区域抬升运动继续加强，断陷构造运动逐渐减弱，周边隆起区范围扩大，沉积湖域减小，水体变浅，气候干热。在霸县凹陷东侧文安斜坡发育辫状河三角州沉积，物源主要来自东南的沧县隆起。

文 31 断块位于文安油田西南部，主要为三角洲前缘亚相沉积，断块东南部为三角洲平原亚相，西北部为前三角洲沉积。在文 31 断块沉积微相有水下分流河道、河口坝、河道间、前缘席状砂、半深湖等。由于文 31 断块远离物源，其沉积类型主要为三角洲前缘的水下分流河道、河口砂坝、前缘席状砂沉积微相。

文 31 断块主力油层为 Es2 段Ⅰ油组的Ⅰ$_3$、Ⅰ$_4$、Ⅰ$_5$、Ⅰ$_6$ 等 4 个小层，为水下分流河道、河口坝、河道间、前缘席状砂沉积，如图 6-75 所示。Ⅰ油组顶部Ⅰ$_1$、Ⅰ$_2$ 小层为前缘席状砂和半深湖沉积，大片分布致密砂岩。Ⅰ油组底部Ⅰ$_7$、Ⅰ$_8$小层和整个Ⅱ油组沉积特征与主力小层类似，但Ⅱ油组基本不含油，不是研究重点。

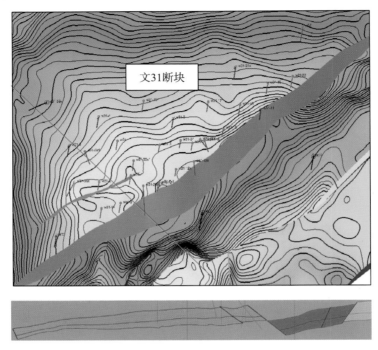

图 6-74　文 31 断块区 Es2 段顶界面构造图

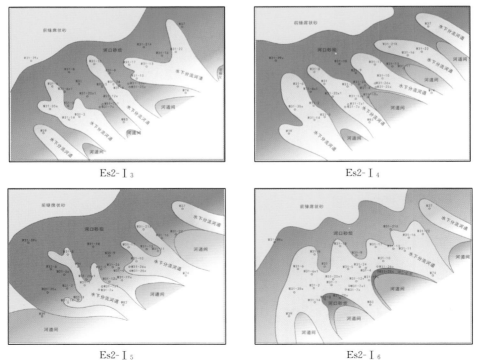

图 6-75　文 31 断块区 Es2 段主力小层沉积微相分布图

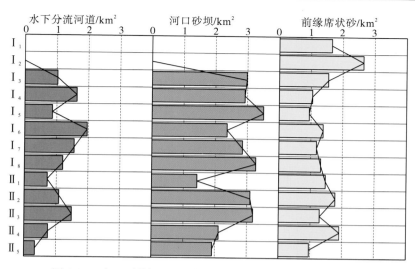

图 6-76　文 31 断块 Es2 段各小层沉积微相发育面积直方图

4. 沉积相控特征

文 31 断块为三角洲前缘沉积，沉积微相之间的砂岩厚度差别明显，具有沿水下分流河道→河口砂坝→前缘席状砂方向，砂岩厚度减薄的特征，说明沉积微相较强地控制了

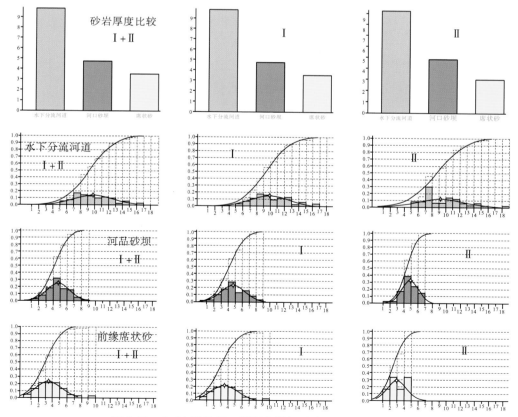

图 6-77　文 31 断块 Es2 段沉积微相砂岩厚度统计直方图

砂岩厚度的分布特征。砂岩厚度统计直方图均表现为良好的正态分布特征，其中水下分流河道砂岩厚度变化较大，分布值域较宽，峰值较低，说明该区水动力强度变化较大，使水下分流河道发育程度变化较大。河口砂坝和前缘席状砂微相的砂岩厚度变化较小，分布值域较集中，峰值较大，说明该区总体上水体较浅，湖浪改造作用较强。

　　各沉积微相之间的平均孔隙度差别较小，概率分布呈正态分布，水下分流河道孔隙度分布比较集中，峰值较高，而河口砂坝和前缘席状砂孔隙度分布不集中，低孔较多。前缘席状砂孔隙度成双峰分布，低值峰为该区较强的湖浪改造作用。上述特征说明沉积微相对该区孔隙度的控制作用也比较强。

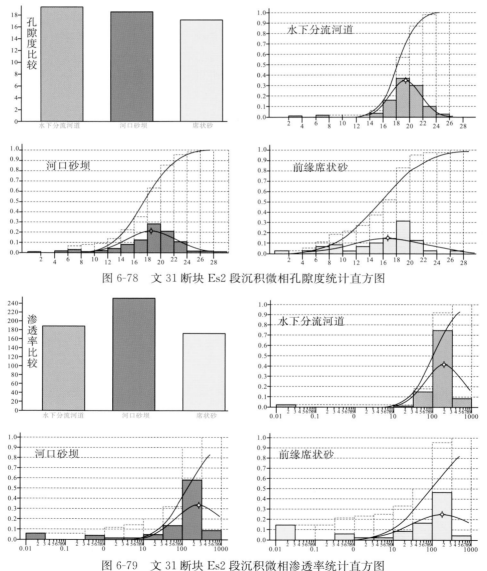

图 6-78　文 31 断块 Es2 段沉积微相孔隙度统计直方图

图 6-79　文 31 断块 Es2 段沉积微相渗透率统计直方图

　　各沉积微相之间的平均渗透率差别较大，相间差异率达 25％和 32％，河口砂坝微相渗透率最高，水下分流河道渗透率较低，略大于前缘席状砂的渗透率。水下分流河道一般为正韵律沉积，层内底部渗透率较高，中上部渗透率较低。该区水下分流河道平均渗透率低于河口砂坝，接近前缘席状砂，说明层内非均质较强。

各沉积微相渗透率概率分布呈对数正态分布，水下分流河道渗透率分布比较集中，峰值高，而河口砂坝和前缘席状砂渗透率虽然分布也比较集中，峰值较高，但低渗较多。渗透率分布特征与孔隙度分布特征比较相似，但相间渗透率差异较孔隙度差异大，说明沉积微相对该区渗透率的控制作用强于孔隙度。

总之，沉积微相决定了储层砂岩发育程度和孔隙度、渗透性的大小，不同沉积微相具有不同的平均砂岩厚度、孔隙度、渗透率，以及对应的概率分布特征。因此，文 31 断块 Es2 段沉积相对储层参数的控制作用，满足相控建模的基本条件。

5. 沉积相和流体相复合相控特征

文 31 断块 Es2 段是被断层切割的"断鼻"含油构造，主力油层 I_3、I_4、I_5、I_6 小层，油藏类型近似，在断鼻上形成断层－构造圈闭油藏类型，长轴为东北方向，近似半个椭圆。同时，由前述沉积微相分布可知，砂岩厚度和孔、渗由水下分流河道向河口砂坝，再向席状砂微相逐渐减薄和变差，变化方向与断鼻方向一致，如图 6-74 和 6-80 所示。I_4、I_5、I_6 小层的含油区内存在局部因岩性致密、物性变差等原因形成的干层，或者砂岩尖灭区。

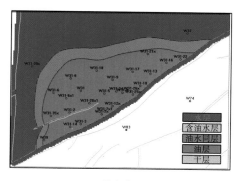

Es2-I_3

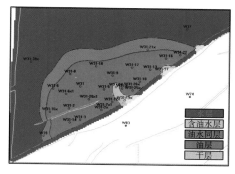

Es2-I_4

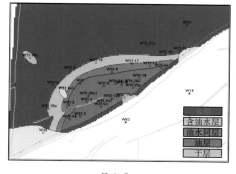

Es2-I_5

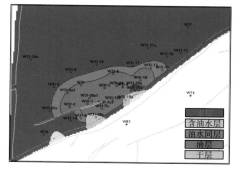

Es2-I_6

图 6-80　文 31 断块 Es2 段主力小层油水分布图

其他非主力层含油区分散，但多数是受断层＋构造或岩性控制形成的含油区，仅个别井区因致密砂岩形成岩性圈闭含油区。非主力层因沉积原因岩性控制因素较强，而主力层岩性控制因素相对较弱。

 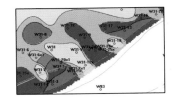 

Es2-I₁   Es2-I₂   Es2-I₇   Es2-I₈   Es2-II₅

图 6-81 文 31 断块 Es2 段其他非主力小层油水分布图

总之，由于沉积微相的不同，砂岩厚度、孔隙度和渗透率不同，平面分布形态、变化大小和主要变化方向不同，它们受到沉积特征的控制。油气生成后运移至构造圈闭形成油气藏，由于圈闭决定于岩性、构造、断层的组合，因此各油气层的油气水分布取决于不同的岩性、构造和断层组合，由此决定了其有效厚度受沉积微相和流体相的复合控制。

由各含油类型的含水饱和度统计直方分布可以看出，油层→油水同层→含油水层→水层的含水饱和度依次增大，区别明显，如图 6-82 所示。干层含水饱和度较大，接近于水层。油层含水饱和度基本上在 40% 左右，即原始含油饱和度在 60% 左右。

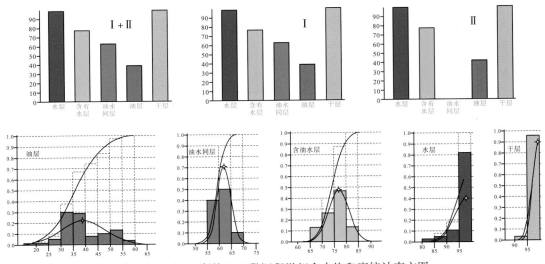

图 6-82 文 31 断块 Es2 段沉积微相含水饱和度统计直方图

在砂岩尖灭线附近，按有效砂层→干层→泥岩的顺序，含水饱和度逐渐增大。随着砂岩的逐渐致密化，束缚水饱和度逐渐增大，可动水饱和度和含油饱和度逐渐减小，当低于某值不能流动，则砂层变为干层；随着砂岩泥质含量的逐渐增大，岩性逐渐变为粉砂质泥岩和纯泥岩，含水变为 100% 束缚水。因此，在砂岩尖灭线附近的饱和度是渐变的，逐渐趋于 100%，有效厚度趋于零。

在油水边界附近，按油层→油水同层→含油水层→水层的顺序，含水饱和度依次增大。地层水由束缚水的不流动，逐渐变为可动水流动，直至单相水流动；含油饱和度依次减小，地层原油由单相流动，逐渐变为油水两相流动，再变为难于流动，直至不能流动。因此，在油水边界附近的饱和度在垂向上也是渐变的。但由于地层倾角的原因，含水饱和度不是逐渐趋于 100%，而是快速变为 100%，含水饱和度变化曲线与 100% 线是斜交的。有效厚度油水边界附近也是快速变为零，而不是逐渐趋于零值。

在断层两侧，有效厚度和饱和度是突变的，变化大小取决于断层两侧的含油类型。含油类型相同，则变化较小，甚至无变化；含油类型不相同，则通常变化较大。

因此，各油水分布类型取决于不同的岩性、构造和断层的不同组合，由此决定了有效厚度和含水饱和度受沉积微相和流体相的复合控制。不同之处是，含水饱和度不受砂岩内部沉积类型控制，而只受砂泥沉积边界几何形态的影响。由于流体相可以区分有效砂岩和非有效砂岩（油层、油水同层、含油水层、水层为有效砂岩，干层及泥质沉积为非有效砂岩），所以，含水饱和度可以只考虑流体相的控制作用。

文 31 断块 Es2 段油层、油水同层和含油水层的含水饱和度概率分布是正态分布，而水层和干层的含水饱和度概率分布是半个正态分布，如图 6-82 所示，相控建模饱和度模拟需要考虑这种分布特征。

油层静储比为有效厚度与砂岩厚度的比值，沉积微相和流体相对有效厚度的复合控制作用由静储比作为中介，利用流体相对静储比的控制作用预测静毛比的分布，再与沉积微相控制下的砂岩厚度分布相乘，从而实现沉积微相和流体相对有效厚度的复合控制，建立有效厚度分布模型。

文 31 断块 Es2 段油层平均净储比 0.77，油水同层平均净储比 0.55。由于文 31 断块 Es2 段发育较多致密砂层，因此油层净储比较小。对比 9 个含油小层，4 个主力小层钻遇油层较多，占所有的 87%，同时油水同层也多数在主力小层。经统计文 31 断块 Es2 段净储比小于 0.7 的油层占 31%，因此净储比变化较大，分布不集中，影响流体相对净储比的控制作用。

有效砂岩厚度为油水能通过喉道流动的那部分砂岩厚度，取决于渗透性大小和储层物性下限，而与所含哪种流体无关，即扣除干层的砂岩厚度，数值模拟所需的厚度即有效砂岩厚度。若定义净储比为有效厚度与有效砂岩厚度的比值，则纯油层的净储比为 1。利用流体相模拟净储比在各种类型闭合边界的变化规律（与有效厚度的变化相同），利用沉积微相控制预测有效砂岩厚度，再用净储比与有效砂岩厚度相乘，实现复合相控预测有效厚度。

6. 相控变差函数曲线拟合

文 31 断块钻井较少，不能控制"指状"河道沉积。如 6-81 左图所示，在有限的钻井点储层参数下计算的实验变差函数曲线极不稳定，根本无法拟合曲线。在相控趋势模型中提取虚拟井点数据进行补充，计算的实验变差函数曲线较为稳定，如 6-81 右图所示。并且采用多级球形套合模型，重点拟合距离较近的前半段上升曲线，拟合算法采用最优化理论，由沉积微相和流体相的分布对各向异性方向和异性比进行模拟，指导拟合结果的微调，降低了拟合难度，提高了拟合精度。图 6-84 为砂岩厚度拟合结果的各向异性特征分布图。

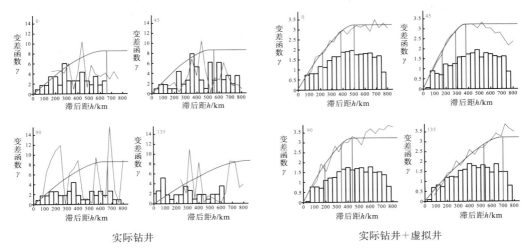

实际钻井　　　　　　　　　　　　　　　　　　实际钻井＋虚拟井

图 6-83　文 31 断块 Es2 段某小层砂岩厚度变差函数曲线及拟合对比图

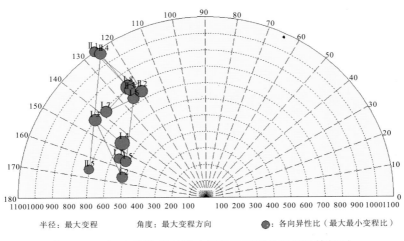

图 6-84　文 31 断块 Es2 段小层砂岩厚度各向异性特征图

7. 局部各向异性拟合

利用沉积微相分布拟合储层参数（砂岩厚度、有效砂岩厚度、孔隙度、渗透率）在局部的各向异性的变异方向，利用流体相分布拟合油层参数（含油有效厚度、含水饱和度）在局部的各向异性的变异方向。如图 6-85 中短线所示，短线方向指明了所在位置的最大变程方向，由此修正克里金估值时理论变差函数曲线的最大变程方向，适应多物源方向、河流的弯曲和改向、河道指端形态、河湾边界形态，适应流体相闭合边界的不同变化方向。

8. 相控建模成果

利用"油气藏相控地质建模软件"FCRM6，增加局部各向异性模拟，对文 31 断块 Es2 段 2 个油组共计 13 个小层进行了相控建模，展布了砂岩厚度、有效砂岩厚度、含油

有效厚度、孔隙度、渗透率、含水饱和度等参数。砂岩厚度和有效厚度分布如下，孔、
渗、饱分布图略。

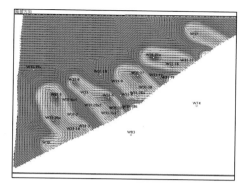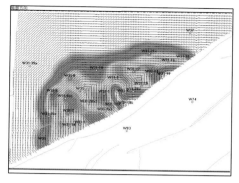

（沉积微相模拟方向） （流体相模拟方向）

图 6-85 文 31 断块 Es2 段某小层局部各向异性模拟图

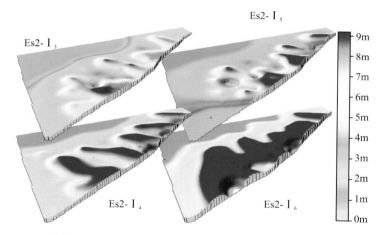

图 6-86 文 31 断块 Es2 段主力小层砂岩厚度分布图

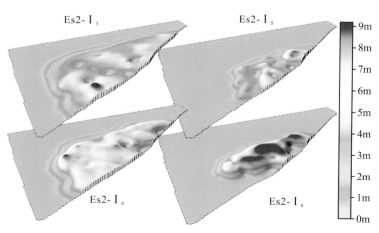

图 6-87 文 31 断块 Es2 段主力小层含油有效厚度分布图

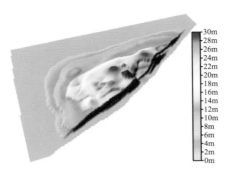

图 6-88　文 31 断块 Es2 段油层有效厚度叠合分布图

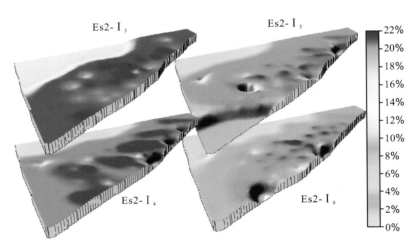

图 6-89　文 31 断块 Es2 段主力小层孔隙度分布图

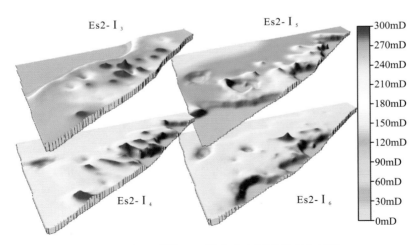

图 6-90　文 31 断块 Es2 段主力小层渗透率分布图

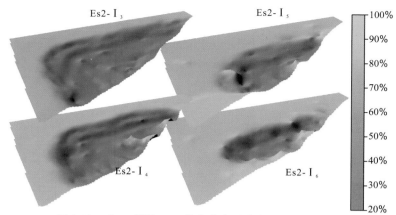

图 6-91 文 31 断块 Es2 段主力小层含水饱和度分布图

9. 综合评价成果

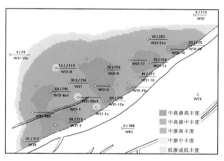
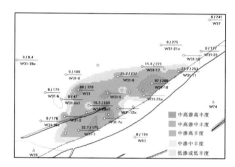
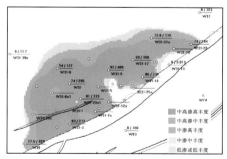
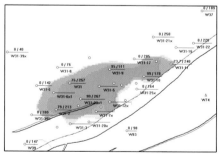

图 6-92 文 31 断块 Es2 段主力小层分类评价图

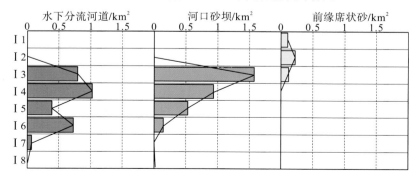

图 6-93 文 31 断块 Es2 段各沉积微相含油面积纵向分布图

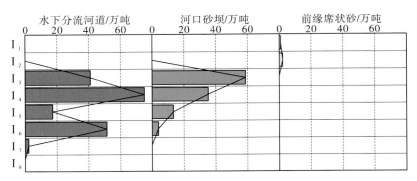

图 6-94 文 31 断块 Es2 段各沉积微相储量纵向分布图

10. 剩余油主控因素

总结文 31 断块剩余油形成的主要因素与沉积相有关的有两点：

（1）沉积造成的储层各向异性

由于河流沉积方向约 135°方向，由东南向西北如湖，河道窄，成指状，储层各向异性明显，所以储层 135°方向水驱前缘推进块，见效快，而油藏 45°方向水驱效果较差。

（2）沉积造成的薄注厚采

河流沉积由东南向西北如湖，储层厚度逐渐变薄，物性逐渐变差。油藏边水位于西北侧，注水井也位于西北侧，且多在边水区，因此造成薄注厚采，注水效果和油井见效较差。

6.7 总结

相控-克里金建模方法是一种确定性的相控建模技术，具有鲜明的特点。从前述 6 个实例可以看出，建模过程始终贯串了沉积微相和流体相对储层的控制作用。由沉积微相和流体相对储层的复合控制作用建立相控模型；由沉积微相和流体相分布特征自动识别井控不足而需要补充信息的虚拟井位置；由沉积微相和流体相分布形态指导储层参数空间结构分析；由沉积微相和流体相分布形态模拟局部各向异性变异特征，约束克里金估值对储层参数的最后展布结果。因此，相控建模的特点就是"相控"，即地质特征概念分布约束储层参数数值分布，地质专家的宏观地质认识指导计算机的数值计算，从而达到更加合理地描述储层的目的。

由"相控"特点决定了相控建模技术具有以下优点。

1. 适应井少

由于运用"相控"建立了"相控趋势模型"，可以为井间储层参数预测提供大量的有用信息，因此相控建模对已有实际钻井数量和分布均匀程度的依赖性大大降低，不仅适用于井少的勘探阶段储层描述，而且适用于井分布极不均匀的复杂油气储层描述，同时还可以减少密集井网储层描述的描述井工作量。

2. 适应复杂断层

由于考虑了流体相(即油气水分布)对油气藏参数的控制作用,因而断层对油气水分布的影响就体现在了有效厚度和饱和度分布中,所以相控建模适应带断层的油气藏描述,只要搞清了油气水分布,就能对复杂断块油气藏进行相控描述。

3. 适应多结构

储层若因多沉积物源或成岩作用等地质因素的影响,储层参数可能在平面上出现两个尺度以上的分布结构,因此用单独一个理论函数曲线是难以较好地拟合实验变差函数曲线的。相控建模技术利用常用的球形模型,采用多级叠加形成拟合多结构复杂实验变差函数曲线的模型,并采用最优化理论方法,实现最佳拟合实验变差函数曲线,解析储层参数空间分布结构。

4. 适应多方向

储层若具有两个以上物源方向,或河流走向不一致(特别是曲流河),方向具有较大变化。相控建模时,根据沉积走向局部改变最大变程方向,适应河流弯曲和改道,提高相控建模对沉积特征的适应程度。

5. 适应复杂油气水分布

在复杂油气水分布的油藏,复杂的含油气边界线走向不一致,造成边界附近有效厚度或饱和度等值线走向不一致,因此没有一个全局统一的各向异性方向。相控建模时,根据流体相边界线走向局部改变最大变程方向,适应各向异性的局部变异,提高相控建模对油气水分布特征的适应程度。

6. 适应多数据源

由于计算实验变差函数曲线时考虑了可信度,因此相控建模技术适应多个不同精度的数据源,可以实现钻井取芯、测井解释、地震反演、沉积统计、试井解释等多种精度数据源的集成建模,符合综合油气藏描述的思路。

7. 容易套合拟合

空间结构分析最难实现的就是实验变差函数曲线的套合拟合,往往拟合一个方向较容易,但同时拟合多个方向较难。相控建模技术利用沉积微相和流体相分布结构模拟各向异性比和最大变程方向,并且用相控模型计算实验变差函数参考曲线,指导理论变差函数曲线的套合拟合。

8. 是一种解析结构方法

相控建模技术的过程就是解析储层空间分布结构特征的过程,其成果(最大变程方向、相控特征值、相控趋势模型、储层参数模型)与沉积微相和流体相结合,可以更好地研究沉积相分布特征和油气水分布规律，以及与构造起伏、断层遮挡和致密岩性的关系。实验变差函数曲线拟合结果（级数、块金、拱高、基台、各向异性比、最大变程方向等）可以分析评价储层的各向异性、非均质成分等。

9. 是一种相控确定性的方法

本书介绍的是一种相控确定性建模技术，所建模型是唯一确定的结果，较相控随机建模具有优势，相控随机建模增加了模型使用者选择模型的不确定性和工作量。

附录
多点地质统计学及 Snesim 算法

1. 多点地质统计学的产生

多点地质统计学是相对于传统的两点地质统计学而言的。自从 1962 年马特隆教授（G. Matheron）创立了地质统计学以来，地质统计学广泛地应用于地理学、生态学、环境科学、土壤学等领域的研究中。

如正文所述，传统的地质统计学在储层建模中主要应用于两大方面：①应用各种克里金方法建立确定性模型，这类方法主要有简单克里金、普通克里金、泛克里金、协同克里金、贝叶斯克里金、指示克里金等；②应用各种随机建模方法建立可选的、等概率的地质模型，这类方法主要有高斯模拟、截断高斯模拟、指示模拟等。

上述方法的共同特点是空间赋值单元为象元（即网格），故在储层建模领域将其归属为基于象元的方法。这些方法均以变差函数为工具，亦可将其归属为基于变差函数的方法。

变差函数是传统地质统计学中研究地质变量空间相关性的重要工具。然而，变差函数只能把握空间上两点之间的相关性，即在二阶平稳或本征假设的前提下空间上任意两点之间的相关性，因而难于表征复杂的空间结构和再现复杂目标的几何形态（如弯曲河道）。

弯曲河道的三种不同的空间结构（图 F-1a、b、c）在横向上（东西方向，图 F-2a）和纵向上（南北方向，图 F-2b）的变差函数十分相似，这说明应用变差函数不能区分这三种不同的空间结构及几何形态，因此，基于变差函数的传统地质统计学插值和模拟方法难于精确表征具有复杂空间结构和几何形态的地质体。

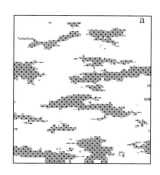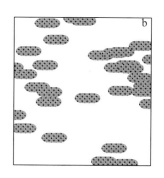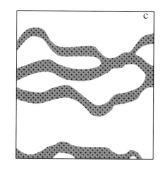

图 F-1　弯曲河道的三种不同空间结构（Caers and Zhang，2002）

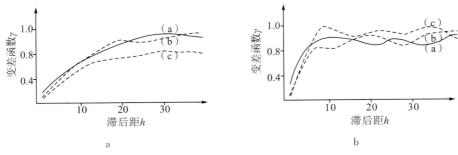

图 F-2　三种结构东西方向和南北方向的变差函数示意图

现有的储层随机建模的另一途径是基于目标的方法，它是以目标物体为基本模拟单元，进行离散物体的随机模拟。主要方法为示性点过程（亦称标点过程），其根据先验地质知识、点过程理论及优化方法（如模拟退火）表征目标地质体的空间分布，因此这种方法可以较好地再现目标体几何形态。

但这种方法亦有其不足：①每类具有不同几何形状的目标均需要有特定的一套参数（如长度、宽度、厚度等），而对于复杂几何形态，参数化较为困难；②由于该方法属于迭代算法，因此当单一目标体内井数据较多时，井数据的条件化较为困难，而且要求大量机时。

鉴于传统的基于变差函数的随机建模方法和基于目标的随机建模方法存在的不足，多点地质统计学方法应运而生。在多点地质统计学中，应用"训练图像"代替变差函数表达地质变量的空间结构性，因而可克服传统地质统计学不能再现目标几何形态的不足。

同时，由于该方法仍然以象元为模拟单元，而且采用序贯算法（非迭代算法），因而很容易忠实硬数据，并具有快速的特点，故克服了基于目标的随机模拟算法的不足。因此，多点地质统计学方法综合了基于象元和基于目标的算法优点，同时可克服已有的缺陷。

2.　多点地质统计学的基本概念

鉴于两点地质统计学只能考虑空间两点之间的相关性的不足，多点地质统计学着重表达多点之间的相关性。"多点"的集合则用一个新的概念，即数据事件（dataevent）来表述。

考虑一种属性 S（如沉积相），可取 K 个状态（如不同沉积微相类型），即 $\{s_k, k = 1, 2, \cdots, K\}$，则一个以 u 为中心，大小为 n 的"数据事件"d_n 由以下两部分组成：

（1）由 n 个向量 $\{h_a, a = 1, 2, \cdots, n\}$ 确定的几何形态（数据构形），亦称为数据样板（data template），记为 τ_n；

（2）n 个向量终点处的 n 个数据值。如图 F-3a 为一个五点构形的数据事件，由一个中心点和四个向量及数值组成。多点统计则可表述为一个数据事件 $d_n = \{S(u_a) = s_{ka}, a = 1, \cdots, n\}$ 出现的概率，即数据事件中 n 个数据点 $S(u_1), \cdots, S(u_n)$ 分别处于 $s_{k1}, \cdots, s_{kn}$ 状态时的概率，也可表述为 n 个数据指示值乘积的数学期望，即：

$$\text{Prob}\{d_n\} = \text{Prob}\{S(u_a) = s_{k_a}; a = 1, \cdots, n\} = E\left[\prod_{a=1}^{n} I(u_a; k_a)\right] \quad \text{(F-1)}$$

在实际建模过程中，上述多点统计或概率难于通过稀疏的井资料来获取，而需要借助于训练图像。训练图像为能够表述实际储层结构、几何形态及其分布模式的数字化图像。对于沉积相建模而言，训练图像相当于定量的相模式，它不必忠实于实际储层内的井信息，而只反映一种先验的地质概念，如图 F-3b 为一个反映河道(黑色)与河道间(白色)分布的训练图像。一个给定的数据事件的概率则可通过应用该数据事件对训练图像进行扫描来获取。

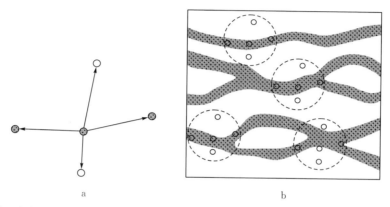

a. 数据事件：由中心点 u 和邻近四个向量构成的五点数据事件，其中 u_2 和 u_4 代表河道，u_1 和 u_3 代表河道间；

b. 训练图像：反映河道(黑色)与河道间(白色)的平面分布。图内四个圆环表示数据事件对训练图像扫描的四个可能的重复。

图 F-3　数据事件与训练图像示意图

对于任一给定的数据样板 τ_n 和一个训练图像 T，定义"侵蚀的训练图像"T_n 为诸点的集合，使得以 u 为中心的数据样板 τ_n 中的所有 n 个结点都在训练图像 T 内。"侵蚀的训练图像"T_n 的大小用 N_n 表示。而在应用任一给定的数据样板 τ_n 对一个训练图像 T 进行扫描的过程中，当训练图像中一个数据事件与数据样板的数据事件 d_n 相同时，称为一个重复。这样，在平稳假设的前提下，数据事件 d_n 在侵蚀的训练图像中的重复数 $c(d_n)$ 与侵蚀的训练图像大小 N_n 的比值，则相当于该数据事件 d_n 出现的概率，即多点统计。

$$\mathrm{Prob}\{S(u_a)=s_{k_a};\ a=1,\ \cdots,\ n\}\approx\frac{c(d_n)}{N_n}。 \tag{F-2}$$

任何基于象元的随机模拟算法均要求获取待模拟点的条件概率分布函数(cpdf)，即对于任一未取样点，需要确定在给定 n 个条件数据(记为 $S(u_a)=s_{ka}$，$a=1$，$\cdots$，n)情况下，属性 $S(u)$ 取 K 个状态中任一个状态的概率。在多点统计模拟中，该概率可记为 $\mathrm{Prob}\{S(u)=s_k\mid d_n\}$，其中，$d_n$ 为由 n 个条件数据联合构成的数据事件。根据贝叶斯条件概率公式，该概率可表达为

$$\mathrm{Prob}\{S(u)=s_k\mid d_n\}=\frac{\mathrm{Prob}\{S(u)=s_k\,\mathrm{and}\,S(u_a);\ a=1,\ \cdots,\ n\}}{\mathrm{Prob}\{S(u_a)=s_{k_a};\ a=1,\ \cdots,\ n\}}。 \tag{F-3}$$

上式中，分母为条件数据事件($S(u_a)=s_{ka}$，$a=1,\ldots,\ n$)出现的概率，可从 F-2 式中获取；分子为条件数据事件及未取样点 u 取 s_k 状态的情况同时出现的概率，相当于在已有的 $c(d_n)$ 个重复中 $S(u)=s_k$ 的重复的个数与侵蚀的训练图像大小 N_n 的比值，记为 $c_k(d_n)/N_n$。因此，局部条件概率分布函数可表达为

$$Prob\{S(u) = s_k | S(u_a) = s_{k_a};\ a = 1,\ \cdots,\ n\}$$

$$= P(u;\ s_k | d_n) \approx \frac{c_k(d_n)}{c(d_n)}. \tag{F-4}$$

因此，通过扫描训练图像，可获取未取样点处的条件概率分布函数。如图 F-3 所示，图 F-3a 为模拟目标区内一个由未取样点及其邻近的四个井数据（u_2 和 u_4 代表河道，u_1 和 u_3 代表河道间）组成的数据事件，当应用该数据事件对图 F-3b 的训练图像进行扫描时，可得到 4 个重复，即 $c(d_n)=4$，其中，中心点为河道（黑色）的重复为 3 个，即 $c_1(d_n)=3$，而中心点为河道间（白色）的重复为 1 个，即 $c_2(d_n)=1$，因此，该未取样点为河道的概率可定为 3/4，而为河道间的概率为 1/4。

3. 多点地质统计学随机建模方法

多点地质统计学应用于随机建模始于 1992 年。包括两大类方法，即迭代的和非迭代的方法。迭代类的方法主要有：①模拟退火方法（Deutsch，1992）：从训练图像中得到多点统计参数，据此建立目标函数，并应用模拟退火方法进行随机模拟；②基于 Gibbs 取样的后处理迭代方法（Srivastava，1992）：首先基于传统变差函数进行随机模拟，然后根据从训练图像中得到的各待模拟点的局部条件概率，应用基于 Gibbs 取样的迭代方法，对已有的模拟实现进行迭代修改（后处理），以恢复多点统计特征；③基于神经网络的马尔可夫蒙特卡洛方法（Caers and Journel，1998）：首先对从训练图像得到的多点统计参数进行神经网络训练，然后应用马尔柯夫链蒙特卡罗模拟（MCMC）产生模拟图像。

以上方法均为迭代算法，主要受到迭代收敛的局限，因而其应用也受到了限制。Guardiano and Srivastava（1993）提出了一种直接的（非迭代）算法，从训练图像中直接提取局部条件概率，并应用序贯指示模拟方法产生模拟实现。由于该算法为非迭代算法，不存在收敛的问题，因而算法简单。但由于在每模拟一个网格节点时均需重新扫描训练图像，以获取特定网格的局部条件概率，因此严重影响计算速度，难于进行实际应用。Strebelle and Journel（2001）将算法加以改进，应用一种动态数据结构即"搜索树"一次性存储训练图像的条件概率分布，并保证在模拟过程中快速提取条件概率分布函数，从而大大减少了计算机时。基于此，提出了多点统计随机模拟的 Snesim 算法（Strebelle and Journel，2001；Strebelle，2002）。其建模基本步骤如下：

(1) 建立训练图像。

(2) 准备建模数据，将实测的井数据标注在最近的网格节点上。

(3) 应用自定义的与数据搜索邻域相联系的数据样板 τ_n 扫描训练图像，以构建搜索树。

(4) 确定一个访问未取样节点的随机路径。在每一个未取样点 u 处，使得条件数据置于一个以 u 为中心的数据样板 B_n 中。令 n' 表示条件数据的个数，d_n' 为条件数据事件。从搜索树中检索 $c(d_n')$ 和 $c_k(d_n')$，并求取 u 处的条件概率分布函数。

(5) 从 u 处的条件概率分布中提取一个值作为 u 处的随机模拟值。该模拟值加入到原来的条件数据集中，作为后续模拟的条件数据。

(6) 沿随机路径访问下一个节点，并重复 (3)、(4) 步骤。如此循环下去，直到所有节点都被模拟到为止，从而产生一个随机模拟实现。

（7）改变随机路径，产生另一随机模拟实现。

多点地质统计学随机模拟方法（如 Snesim 算法）与传统的地质统计学随机模拟方法（如序贯指示模拟 SIS）的本质差别在于未取样点处条件概率分布函数的求取方法不同。前者应用多点数据样板扫描训练图像以构建搜索树，并从搜索树中求取条件概率分布函数，而后者通过变差函数分析并应用克里金方法求取条件概率分布函数。正是这一差别，使多点地质统计学克服了传统的两点统计学难于表达复杂空间结构性和再现目标几何形态的不足。

4. 动态数据结构——"搜索树"

Strebelle and Journel（2001）研究的动态数据结构称为"搜索树"，能够一次性地存储训练图像的条件概率分布，并能快速提取条件概率分布函数，使多点统计学具有了快速记忆和提取训练成果的能力，从而大大减少了计算机时。以图 F-4 所示的数据样板和训练图像为例，阐述"搜索树"的基本结构如下：

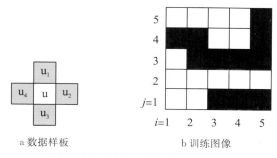

a 数据样板 b 训练图像

图 F-4 数据样板与训练图像示意图

图中数据样板为一简单的"十字"形五点数据事件，俗称"扫描窗口"，中心点 u 周围具有 u_1、u_2、u_3、u_4 等 4 个邻点；训练图像为 5×5 的网格点阵，具有简单的 0（白色）和 1（黑色）两个状态，图 F-5 所示为对应搜索树结构。

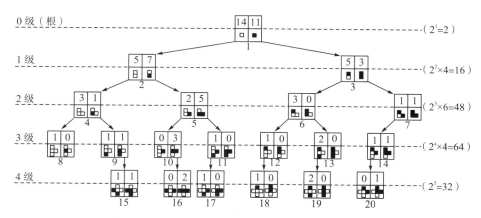

图 F-5 搜索树结构示意图（1～3 级仅 s_1 一个方向）

搜索树以中心点周围没有任何邻点的孤点窗口为根开始建立搜索树，扫描有 $2^1=2$ 种形状；接下来 1 级为中心点周围仅有 1 个邻点的二点窗口，由于二点窗口具有方向性，因此理论上扫描有 $2^2\times4=16$ 种形状，图中仅绘出了同时残缺 u_2、u_3、u_4 的窗口的 4 种扫描形状。

2 级为中心点周围有 2 个邻点的三点窗口，三点窗口仍然具有方向性，因此理论上扫描有 $2^3\times6=48$ 种形状，多出来的两个方向为两个方向的三点直排形状，图中也仅绘出了同时残缺 u_3、u_4 的窗口的 8 种扫描形状。

3 级为中心点周围有 3 个邻点的四点窗口，四点窗口也具有方向性，因此理论上扫描有 $2^4\times4=64$ 种形状，1 个方向理论上有 16 种可能扫描形状，图中仅绘出了残缺 u_4 的窗口具有重复数的 14 种扫描形状，最后两个形状在训练图像中不存在。

4 级为中心点周围有 4 个邻点的"十字"五点窗口，"十字"五点窗口为图 F-4 所示数据样板的满窗口，中心点对称，不具有方向性，因此理论上扫描有 $2^5=32$ 种形状，图中仅绘出了具有重复数的 12 种扫描形状，有较多形状在训练图像中不存在。

1~3 级窗口都是"十字"五点有残缺的窗口，由于残缺位置不同而造成具有方向性，因此理论上扫描的可能形状较满窗口多，如图 F-5 右侧标注所示。满窗口虽然理论上扫描的可能形状不一定是最多，但由于数据事件复杂，条件较多，因此无重复数的可能形状也较多，有时可能绝大部分形状的重复数都为零。所以，多性状大窗口理论上的庞大数据结构，其实有效性很低。

为了提高数据结构的有效性，采用动态数据结构保存扫描结果。重复数为零的扫描形状概率为零，不开辟数据空间；重复数不为零的扫描形状概率大于零，则开辟数据空间保存结果。并且，从根开始随着邻点数的增多，按"父子"血缘关系建立"树"状结构，建立窗口逐步完善的进化关系，实现高效率的动态数据结构——"搜索树"。图 F-4 数据样板在图 F-5 训练图像中扫描结果如表 F-1 所示，表中 s_1 方向为图 F-4 数据样板，s_2 方向为 u_1 按顺时针转至 u_2，s_3、s_4 方向依次类推。表中序号为图 F-5 中扫描形状的序号。

5. 实例分析

应用上述理论和方法，以某油田明化镇组一个小层为例，进行沉积微相的随机建模。研究区尚处于开发方案实施阶段，面积 14.7km²，含油层系为新近系明化镇组，地层厚度 400~500m，单砂体厚度 0.5~20m，井数 58 口，井距 400m。

1) 训练图像的建立

训练图像为研究区的定量地质模式。一般地，单纯应用研究区井资料难于建立训练图像，而需要综合应用研究区资料及原型模型。根据井资料及区域沉积相研究资料，研究区沉积相主要为中－低弯度河流相，沉积微相可分为河道砂岩相、河间溢岸砂岩相与泛滥平原泥岩相等 3 个微相，物源方向为北西－南东向。河道与溢岸砂体呈迷宫状特征分布，河道砂体呈条带状，单河道宽度一般小于井距；溢岸砂体为透镜状。定量的几何学特征需要结合原型模型来获取。

研究区沉积特征与邻区新近系明化镇组十分相似，两区同属一个含油气盆地，层位及沉积相类型亦相同，具有较好的可比性。邻区属于开发中后期的油田，其中一个区块

表 F-1　搜索树存储数据表

级数	序号	条件数据事件 d_n'		数据事件中心点 u"0"状态		数据事件中心点 u"1"状态	
				中心点 u 的坐标	重复数	中心点 u 的坐标	重复数
0	1	无条件数据		(1,1)(2,1)(1,2)(2,2)(3,2)(4,2)(5,2)(1,3)(3,4)(4,4)(1,5)(2,5)(3,5)(4,5)	14	(3,1)(4,1)(5,1)(2,3)(3,3)(4,3)(5,3)(1,4)(2,4)(5,4)(5,5)	11
1	2	s_1 方向	$s_1=0$	(1,1)(2,1)(1,2)(3,4)(4,4)	5	(3,1)(4,1)(5,1)(3,3)(4,3)(1,4)(2,4)	7
	3		$s_1=1$	(2,2)(3,2)(4,2)(5,2)(1,3)	5	(2,3)(5,3)(5,4)	3
		s_2 方向	$s_2=0$	(1,1)(1,2)(2,2)(3,2)(4,2)(3,4)(1,5)(2,5)(3,5)	9	(2,4)	1
			$s_2=1$	(2,1)(1,3)(4,4)(4,5)	4	(3,1)(4,1)(2,3)(3,3)(4,3)(1,4)	6
		s_3 方向	$s_3=0$	(1,2)(2,2)(1,3)(3,5)(4,5)	5	(2,3)(3,3)(4,3)(5,3)(1,4)	5
			$s_3=1$	(3,2)(4,2)(5,2)(3,4)(4,4)(1,5)(2,5)	7	(2,4)(5,4)(5,5)	3
		s_4 方向	$s_4=0$	(2,1)(2,2)(3,2)(4,2)(5,2)(4,4)(2,5)(3,5)(4,5)	9	(3,1)(2,3)(5,4)(5,5)	4
			$s_4=1$	(3,4)	1	(4,1)(5,1)(3,3)(4,3)(5,3)(2,4)	6
2	4	s_{12} 方向	$s_1=0;s_2=0$	(1,1)(1,2)(3,4)	3	(2,4)	1
	5		$s_1=0;s_2=1$	(2,1)(4,4)	2	(3,1)(4,1)(3,3)(4,3)(1,4)	5
	6		$s_1=1;s_2=0$	(2,2)(3,2)(4,2)	3	—	0
	7		$s_1=1;s_2=1$	(1,3)	1	(2,3)	1
		s_{23} 方向	$s_2=0;s_3=0$	(1,2)(2,2)(3,5)	3	—	0
			$s_2=0;s_3=1$	(3,2)(4,2)(3,4)(1,5)(2,5)	5	(2,4)	1
			$s_2=1;s_3=0$	(1,3)(4,5)	2	(2,3)(3,3)(4,3)(1,4)	4
			$s_2=1;s_3=1$	(4,4)	1	—	0
		s_{34} 方向	$s_3=0;s_4=0$	(2,2)(3,5)(4,5)	3	(2,3)	1
			$s_3=0;s_4=1$	—	0	(3,3)(4,3)(5,3)	3
			$s_3=1;s_4=0$	(3,2)(4,2)(5,2)(4,4)(2,5)	5	(5,4)(5,5)	2
			$s_3=1;s_4=1$	(3,4)	1	(2,4)	1
		s_{41} 方向	$s_4=0;s_1=0$	(2,1)(4,4)	2	(3,1)	1
			$s_4=0;s_1=1$	(2,2)(3,2)(4,2)(5,2)	4	(2,3)(5,4)	2
			$s_4=1;s_1=0$	(3,4)	1	(4,1)(5,1)(3,3)(4,3)(2,4)	5
			$s_4=1;s_1=1$	—	0	(5,3)	1
		s_{13} 方向	$s_1=0;s_3=0$	(1,2)	1	(3,3)(4,3)(1,4)	3
			$s_1=0;s_3=1$	(3,4)(4,4)	2	(2,4)	1
			$s_1=1;s_3=0$	(2,2)(1,3)	2	(2,3)(5,3)	2
			$s_1=1;s_3=1$	(3,2)(4,2)(5,2)	3	(5,4)	1

续表

级数	序号	条件数据事件 d_n'		数据事件中心点 u"0"状态		数据事件中心点 u"1"状态	
				中心点 u 的坐标	重复数	中心点 u 的坐标	重复数
2		s_{24} 方向	$s_2=0;s_4=0$	(2,2)(3,2)(4,2)(2,5)(3,5)	5	—	0
			$s_2=0;s_4=1$	(3,4)	1	(2,4)	1
			$s_2=1;s_4=0$	(2,1)(4,4)(4,5)	3	(3,1)(2,3)	2
			$s_2=1;s_4=1$	—	0	(4,1)(3,3)(4,3)	3
3	8	s_{123} 方向	$s_1=0;s_2=0;s_3=0$	(1,2)	1	—	0
	9		$s_1=0;s_2=0;s_3=1$	(3,4)	1	(2,4)	1
	10		$s_1=0;s_2=1;s_3=0$	—	0	(3,3)(4,3)(1,4)	3
	11		$s_1=0;s_2=1;s_3=1$	(4,4)	1	—	0
	12		$s_1=1;s_2=0;s_3=0$	(2,2)	1	—	0
	13		$s_1=1;s_2=0;s_3=1$	(3,2)(4,2)	2	—	0
	14	s_{123} 方向	$s_1=1;s_2=1;s_3=0$	(1,3)	1	(2,3)	1
			$s_1=1;s_2=1;s_3=1$	—	0		0
		s_{234} 方向	$s_2=0;s_3=0;s_4=0$	(2,2)(3,5)	2	—	0
			$s_2=0;s_3=0;s_4=1$	—	0		0
			$s_2=0;s_3=1;s_4=0$	(3,2)(4,2)(2,5)	3	—	0
			$s_2=0;s_3=1;s_4=1$	(3,4)	1	(2,4)	1
			$s_2=1;s_3=0;s_4=0$	(4,5)	1	(2,3)	1
			$s_2=1;s_3=0;s_4=1$	—	0		0
			$s_2=1;s_3=1;s_4=0$	(4,4)	1	—	0
			$s_2=1;s_3=1;s_4=1$	—	0		0
		s_{234} 方向	$s_3=0;s_4=0;s_1=0$	—	0		0
			$s_3=0;s_4=0;s_1=1$	(2,2)		(2,3)	1
			$s_3=0;s_4=1;s_1=0$	—	0	(3,3)(4,3)	2
			$s_3=0;s_4=1;s_1=1$	—	0	(5,3)	
			$s_3=1;s_4=0;s_1=0$	(4,4)	1	—	0
			$s_3=1;s_4=0;s_1=1$	(3,2)(4,2)(5,2)	3	—	0
			$s_3=1;s_4=1;s_1=0$	(3,4)		(2,4)	1
			$s_3=1;s_4=1;s_1=1$	—	0		0
		s_{341} 方向	$s_4=0;s_1=0;s_2=0$	—			0
			$s_4=0;s_1=0;s_2=1$	(2,1)(4,4)	2	—	0
			$s_4=0;s_1=1;s_2=0$	(2,2)(3,2)(4,2)	3	—	0
			$s_4=0;s_1=1;s_2=1$	—	0	(2,3)	1
			$s_4=1;s_1=0;s_2=0$	(3,4)	1	(2,4)	1

续表

级数	序号	条件数据事件 d_n'		数据事件中心点 u "0" 状态		数据事件中心点 u "1" 状态	
				中心点 u 的坐标	重复数	中心点 u 的坐标	重复数
3		s_{412} 方向	$s_4=1; s_1=0; s_2=1$	—	0	(4,1)(3,3)(4,3)	3
			$s_4=1; s_1=1; s_2=0$	—	0	—	0
			$s_4=1; s_1=1; s_2=1$	—	0	—	0
4		$s_1=0; s_2=0; s_3=0; s_4=0$		—	0	—	0
		$s_1=0; s_2=0; s_3=0; s_4=1$		—	0	—	0
		$s_1=0; s_2=0; s_3=1; s_4=0$		—	0	—	0
	15	$s_1=0; s_2=0; s_3=1; s_4=1$		(3,4)	1	(2,4)	1
		$s_1=0; s_2=1; s_3=0; s_4=0$		—	0	—	0
	16	$s_1=0; s_2=1; s_3=0; s_4=1$		—	0	(3,3)(4,3)	2
	17	$s_1=0; s_2=1; s_3=1; s_4=0$		(4,4)	1	—	0
		$s_1=0; s_2=1; s_3=1; s_4=1$		—	0	—	0
	18	$s_1=1; s_2=0; s_3=0; s_4=0$		(2,2)	1	—	0
		$s_1=1; s_2=0; s_3=0; s_4=1$		—	0	—	0
	19	$s_1=1; s_2=0; s_3=1; s_4=0$		(3,2)(4,2)	2	—	0
		$s_1=1; s_2=0; s_3=1; s_4=1$		—	0	—	0
	20	$s_1=1; s_2=1; s_3=0; s_4=0$		—	0	(2,3)	1

具有井距 50m 的密集井网,对此曾作过系统的沉积微相及储层地质研究,并建立了相应的地质模型。在该原型模型中,河道砂体主要为条带状(可分叉合并),单河道砂体宽度约 50～300m,一般为 100～200m;河间漫溢砂体则呈透镜状。单一漫溢砂体长、宽一般小于 200m。这一密集井网地质模型(微相几何学特征及组合模式)可作为研究区沉积微相研究与建模的原型模型。

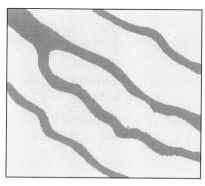

棕色代表河道微相,浅蓝色代表溢岸微相,
黄色代表河道间微相

图 F-6　研究区训练图像

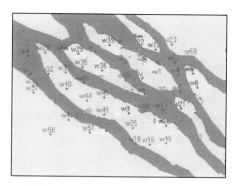

棕色代表河道微相,浅蓝色代表溢岸微相,
黄色代表河道间微相

图 F-7　手工编绘的研究区微相分布图

综合两方面资料，应用数字化成图工具，构建了研究区目的层的训练图像如图 F-6 所示。从图中可以看出，训练图像反映了微相的定量分布模式（其中，棕色代表河道微相，浅蓝色代表溢岸微相，黄色代表河道间微相），但并不要求忠实井数据，只要求反映储层变化的空间结构性，其作用相当于变差函数，但后者只反映空间两点间的结构性。图 F-7 为根据训练图像及井资料手工编绘的研究区沉积微相分布图，该图反映了微相砂体的基本形态。

2）多点统计随机建模

应用 Snesim 算法，对研究区沉积微相进行随机建模，包括准备数据、扫描训练图像以构建搜索树、选择随机路径、序贯求取各模拟点的条件概率分布函数，并通过抽样获得模拟实现。通过程序模拟计算，图 F-8 为其中的一个模拟实现（其中，棕色代表河道微相，浅蓝色代表溢岸微相，黄色代表河道间微相）。从图中可以看出，模拟实现反映了训练图像的结构性，同时基本再现了微相砂体的几何形态（与图 F-7 相比较），并完全忠实于井信息。

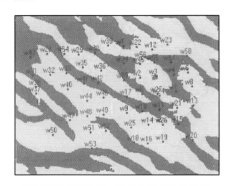

棕色代表河道微相，浅蓝色代表溢岸微相，
黄色代表河道间微相

棕色代表河道微相，浅蓝色代表溢岸微相，
黄色代表河道间微相

图 F-8　多点统计随机建模的 1 个模拟实现　　图 F-9　基于变差函数的序贯指示模拟的 1 个模拟实现

为了对比，应用基于变差函数的序贯指示模拟方法对研究区目的层进行了随机模拟，如图 F-9 所示，该结果没有再现微相砂体的几何形态，而且部分微相砂体呈零散分布。由此可知，多点统计随机建模比传统两点统计学建模方法具有明显的优越性。

6. 问题与展望

多点地质统计学的发展迄今只有十多年的研究历史，而真正作为一种可实用的随机建模方法则是 Strebelle and Journel（2001）提出训练树的概念及 Snesim 算法之后。因此，该方法远未成熟，尚需进一步加以完善。综合国际上多点地质统计学的研究现状及已有实例分析，多点地质统计学随机建模方法尚需在以下几方面进行深入的研究：

1）训练图像平稳性问题

任何空间统计预测均要求平稳假设。在两点统计学中，要求二阶平稳或内蕴假设，即协方差或变差函数与空间具体位置无关，与矢量距离有关。同样，在多点地质统计学中，要求训练图像平稳，即训练图像内目标体的几何构型及目标形态在全区基本不变，不存在明显趋势或局部的明显变异性。

Zhang（2002）提出了一个几何变换的方法，即通过旋转和比例压缩将非平稳训练图像变为平稳训练图像，并建立多个训练图像以获取未取样点条件概率分布函数。但是，这一方法仍是一种简单化的解决途径，可以解决具有明显趋势，而且用少量定量指标（如方向和压缩比例）能够表达的非平稳性，而对于无规律的局部明显变异性，尚需要更为有效的解决方案。

2）目标体连续性问题

目前的 Snesim 算法为一序贯模拟算法，每个未取样点仅访问一次，已模拟值则"冻结"为硬数据。这一方法虽然保证快速且易忠实硬数据，但可能导致目标体的非连续性，如图 F-8 中 w48 井区所示，河道体发生断开现象。Apartand Caers（2003）最近提出了一个型式（pattern）模拟的算法，称为 Simpat 算法，通过对训练图像数据事件进行分类、多重网格模拟时不"传递"硬数据而"传递"概率值，同时模拟一个数据样板内的所有节点措施，在一定程度上改进了目标体不连续的问题。

3）综合地震信息的问题

目前多点地质统计学综合地震信息的方法主要包括三大类：

其一，对地震信息进行地质解释，将其转换为一种训练图像，同时应用硬信息和原型模型得到一个训练图像，然后应用一个联合数据事件对两个训练图像进行扫描，以获取未取样点的综合条件概率。这一方法目前存在的主要问题是，当软数据类型较多时，扫描训练图像所获得的重复数太少，从而影响条件概率的推导。

其二，分别应用井信息和地震信息计算条件概率，然后将两个概率综合为一个条件概率（Journel，2002）。这一方法的前提条件是两类数据是独立的，或即使不要求独立也需求取它们对综合条件概率贡献的权重（Liu，2003）。

其三，应用类似于同位协同克里金的方式求取综合条件概率，将多点统计方法求取的基于硬信息的概率替换克里金方法求取的概率（Journel，1999）。这一方法要求地震信息的承载小（与模拟网格相同），而且硬信息和软信息对综合概率的权重仍取决于克里金方差。

多点地质统计学为一个新的学科分支，诸多方面需进一步深入研究，其发展可谓任重而道远。

参 考 文 献

陈恭洋. 2000. 碎屑岩油气储层随机建模[M]. 北京：地质出版社.

程超，吴东昊，桑琴，等. 2011. 基于蚂蚁体的"相"控地质建模[J]. 西安石油大学学报（自然科学版），26(3)：21-25.

崇仁杰，刘静. 2003. 以地震反演资料为基础的相控储层建模方法在 BZ25-1 油田的应用[J]. 中国海上油气（地质），17(5)：307-311.

崔成军，姜玉新，王伟，等. 2004. BASUP53 油藏三维储层建模研究[J]. 特种油气藏，11(5)：18-21.

邓万友. 2007. 相控参数场随机建模方法及其应用[J]. 大庆石油学院学报，31(6)：28-31.

董伟. 2004. 濮城油田卫 79－濮 95 块油藏精细描述[R]. 中原油田.

董伟. 2005. 尕斯库勒油田 E31 油藏精细数值模拟研究[R]. 青海油田.

董伟. 2007. 包界地区须家河组储层研究及开发地质综合评价[R]. 西南油气田分公司.

董伟. 2010. 留西油田低渗透油藏开发技术对策研究[R]. 华北油田.

董伟，冯方. 2003. 预测井间储集层参数的相控模型法[J]. 石油勘探与开发，30(1)：68-70.

董伟，王达明. 2007. 快速储层描述方法[J]. 天然气工业，27(9)：21-23.

董伟，杨敏，郭永军，等. 2008. 油气储层参数建模的"复合相控模型"法[J]. 成都理工大学学报（自然科学版），35(3)：257-262.

窦之林. 2004. 储层流动单元研究[M]. 北京：石油工业出版社.

段天向，刘晓梅，张亚平，等. 2007. Petrel 建模中的几点认识[J]. 岩性油气藏，19(2)：102-107.

范浙璐，乔勇. 2011. 多物源相控建模方法在青海油田七个泉区块的应用[J]. 内蒙古石油化工，(19)：133-136.

冯国庆，陈军，李允，等. 2002. 利用相控参数场方法模拟储层参数场分布[J]. 石油学报，23(4)：61-64.

桂峰，黄智辉，马正. 2001. 利用相控模型进行井间参数预测[J]. 地球科学，26(1)：49-53.

胡望水，张宇焜，牛世忠，等. 2010. 相控储层地质建模研究[J]. 特种油气藏，17(5)：37-40.

胡向阳，熊琦华，吴胜和. 2001. 储层建模方法研究进展[J]. 中国石油大学学报（自然科学版），25(1)：107-112.

胡雪涛，李允. 2000. 储层沉积微相的随机模拟及其对比研究[J]. 西南石油学院学报，22(1)：20-23.

胡勇，陈恭洋，周艳丽. 2011. 地震反演资料在相控储层建模中的应用[J]. 油气地球物理，9(2)：41-44.

惠钢，董树正，李凡华，等. 2011. 大港埕海二区沙三下亚段相控建模技术[J]. 科学技术与工程，11(15)：3427-3434.

霍春亮，古莉，赵春明，等. 2007. 基于地震、测井和地质综合一体化的储层精细建模[J]. 石油学报，28(6)：66-71.

贾爱林，肖敬修. 2002. 油藏评价阶段建立地质模型的技术与方法[M]. 北京：石油工业出版社.

姜香云，王志章，吴胜和. 2006. 储层三维建模及在油藏描述中的应用研究[J]. 地球物理学进展，21(3)：902-908.

景成杰，胡望水，程超，等. 2009. 相控建模技术在高台子油藏精细描述中的应用[J]. 石油天然气学报（江汉石油学院学报），31(1)：39-42.

李伯虎，李洁主. 2004. 大庆油田精细地质研究与应用技术[M]. 北京：石油工业出版社.

李洁，姜彬，吕晓光. 2001. 密井网条件下的储层确定性建模方法[J]. 大庆石油地质与开发，20(5)：19-21.

李莉娟，闫长辉，王涛. 2011. 水平井开发储层地质建模[J]. 物探化探计算技术，33(3)：612-616.

李少华，尹艳树，张昌民. 2007. 储层随机建模系列技术[M]. 北京：石油工业出版社.

李少华，张昌民，尹艳树，等. 2008. 多物源条件下的储层地质建模方法[J]. 地学前缘，15(1).

李少华，张昌民，张尚峰，等. 2003. 沉积微相控制下的储层物性参数建模[J]. 江汉石油学院学报，25(1)：24-26.

李霞，王铜山，王建新. 2009. 储层随机建模方法研究进展[J]. 物探化探计算技术，31(5)：454-459.

李绪宣，胡光义，范廷恩，等. 2011. 基于地震驱动的海上油气田储层地质建模方法[J]. 中国海上油气，23(3)：143-147.

李章林，王平，李冬梅. 2008. 实验变差函数计算方法的研究与运用[J]. 国土资源信息化，(2)：10-14.

廖新维，李少华，朱义清. 2004. 地质条件约束下的储集层随机建模[J]. 石油勘探与开发，31(增刊)：92-94.